化学産業における
実践的MOT

事業化成功事例に学ぶ

一般社団法人 近畿化学協会「MOT研究会」・編著

化学工業日報社

はじめに

　筆者は45年前（1973年）、化学技術者として一化学企業に入社した。当時の日本の化学産業界は、全国に石油化学コンビナートが構築され、まさに石油化学工業の高度成長期の真っ直中であった。

　当時の典型的な研究開発テーマは、ナフサ分解留分から生産されるエチレンやプロピレン等の一次石油化学製品の誘導化学製品や高分子製品等を如何に効率的に製造できるかという類いのものが多かった。即ちターゲットは明確であり、効率的製法の開発が課題であったように思う。その後、二度の石油危機を経て原料価格の高騰と設備能力の過剰によって、日本の石油化学工業体制の構造問題が浮き彫りとなった。その結果、石油化学企業は収益性の低い汎用化学製品から収益性の向上を目指して機能性化学製品・材料分野の研究開発・事業開発を展開してきた。即ち付加価値の高い機能製品への転換である。このよう経緯から、日本の化学企業は技術力をベースに未来の社会・顧客ニーズを予見した機能性化学品・材料開発テーマを設定し、事業化を目指してきた。

　化学産業におけるこのような事業開発は、一般的に研究開発から事業化に至るまで長い期間を要し、成功確率も低かった。研究開発から事業化への生産性・効率向上が大きな課題となり、ここにMOT（Management of Technology，技術経営）の重要性が広く認識されるようになり、その活用が検討されるようになってきた。

　一般社団法人近畿化学協会は1919年に設立され、来年（2019年）創立100周年を迎える。主に化学に関連する企業、大学、公的研究機関などの研究・開発者が情報交換、研究会活動等を通じて交流するインフラを提供してきたユニークな協会であり、筆者自身も1975年に入会し、いろいろな活動に参加し、大いにメリットを享受してきた一人である。

その中に企業や大学・公的研究機関等で主に研究開発に携わってきた
OBが現役時代の経験を活かした活動を展開している近畿化学協会　化学
技術アドバイザー会（略称：近化CA）があり、工学倫理、安全、化学教育、
MOTの四つの研究会活動を展開している。研究会の活動成果は大学での
講義や技術相談等を通じて社会に還元されてきた。

　筆者等はその中でMOT研究会を2014年に立ち上げて、主に化学産業の
研究開発の生産性向上、即ち研究開発から事業化への成功確率の向上につ
ながる要因の解明に努力してきた。もちろん、既に世の中にはMOTに関
する書籍・テキストは多数出版されていたが、それらの多くは理論的で、
且つ組立産業向けのものであり、化学産業のようなプロセス産業における、
研究開発から事業化までの生産性向上に実践的に役に立つものは極めて少
なかった。

　本書では、主に化学産業において研究開発から事業化に至った事例を取
り上げ、解析・検討することによって、成功の主要因（KSF）を抽出するこ
とに努めた。ここで現時点までの研究成果を世に問うと同時に、今後さら
に多くの事例研究を重ねていき、所期の目的を果たしていきたい。

　本書の出版に当たり、積極的に事例提供に協力頂いた各企業の関係者の
方々に、そして大変なご尽力を頂いた化学工業日報社 出版・調査グループ・
増井 靖氏に厚く御礼を申し上げます。

　2018年10月

一般社団法人　近畿化学協会

化学技術アドバイザー会　代表

近藤　忠夫

MOTの理論である技術経営論は、世界の製造業で圧倒的な競争力を持っていた1970年代のアメリカで防衛関連の研究開発の効率性の調査から端を発し、組織を研究する社会心理学者が中心となって研究開発効率の向上や技術革新の創造のための最適な組織などについての研究が行われた。

　ところが、1980年代に入りアメリカ産業の国際競争力が日本などの海外諸国の攻勢で衰退傾向にあることが懸念され、1981年にマサチューセッツ工科大学ビジネススクールMBA（Master of Business Administration）コースの教育プログラムにMOTに関する科目が加えられるなど、アメリカ産業の復活のための諸政策が推し進められた。その結果、1990年代にアメリカ経済が復興し、先端技術と言われる情報通信技術（ICT）、バイオテクノロジー、ナノテクノロジーなどの分野で、そして知的財産・特許戦略などで著しい成果を上げ、アメリカのグローバル戦略を促進し、正しくベンチャー主導型のMOTが結実したと言われている。

　今日では、欧米の多くの大学（アメリカでは200以上の拠点）においてこの技術経営論が教育プログラムとして採用されている。日本でも、2017年2月現在、専門職学位課程として14の大学院で、通常の修士・博士課程として15の大学院で技術経営について学ぶことができ、日本MOT（技術経営）学会、技術経営系専門職大学院協議会（MOT協議会）、研究・イノベーション学会などでMOTの研究や普及活動が行われている。

　然るに、国際的な競争が熾烈化する昨今、既に前段で近藤代表が指摘されているように、日本の化学産業においても研究開発の生産性の向上は焦眉の経営課題であるが、これまで化学産業に特化したMOTに関する実践的な書籍・テキストは極めて少ない。本書刊行の目的は化学産業における研究開発から事業化に至った過去の成功事例から共通する成功主要因（KSF）を解明し少しでも研究開発の生産性向上に貢献することである。そのためにMOT理論の中でこの解明に役に立つと思われる諸事項を選択し第1部に記載した（第2章から第5章）が、部分的に拙著書籍改訂版「－化学産業を担う人々のための－実践的研究開発と企業戦略」（化学工業日報

社、2017年4月）から引用あるいは転載したことをここに予めお断りして
おきたい。

　2018年10月

　　　　　　　　　　　　　　　　　一般社団法人　近畿化学協会
　　　　　　　　　　　　　　　　　MOT研究会　主査
　　　　　　　　　　　　　　　　　渡加　裕三

目　次

はじめに

第1部　日本の化学産業における研究開発を中心とした MOT（技術経営）

第1章　日本の化学産業の発展の歴史と今後の展望・課題

1－1. 日本の化学産業の発展の歴史 ……………………………………… 3

1－2. 日本の化学産業の現状 ……………………………………………… 4

1－3. 日本の化学産業の将来展望 ………………………………………… 7

1－4. 化学産業の新規事業開発・研究開発の事業化における
　　　MOT（技術経営）の重要性 ……………………………………… 10

第2章　研究開発テーマの選択と決定

2－1. 公募テーマから絞り込む決定方法………………………………… 15

2－2. 経営・技術戦略をベースとする決定方法………………………… 16

2－3. 経営戦略を構成する重要な要素 ………………………………… 18

2－4. 企業戦略立案に活用される分析手法（フレームワーク）……… 26

2－5. 事業戦略立案に活用される分析手法（フレームワーク）……… 35

2－6. 企業および事業戦略を実現するための機能戦略、
　　　そして技術戦略 …………………………………………………… 37

2－7. 研究開発戦略立案の概要 ………………………………………… 39

（1）研究開発戦略における企業戦略技術領域と事業戦略技術領域 … 49

（2）選択された事業ドメインと研究開発テーマとの関係…………… 50

2－8．重要な保有技術の棚卸（技術系譜）････････････････････････ 52

第3章　研究開発テーマの実行におけるマネジメント

3－1．戦略体系での技術戦略および研究開発戦略策定プロセスの
　　　位置付けと評価サイクル････････････････････････････････ 57

3－2．進捗度管理とステージゲートモデル ･･････････････････････ 59

3－3．ビーカースケールからベンチスケールへ ― 魔の川を越える ･･････ 62

3－4．ベンチスケールからパイロットスケールへ ― 死の谷を越える ･･･ 69

3－5．パイロットスケールから本製造プラントの建設・稼働
　　　― 第一のダーウィンの海を渡り切る ････････････････････････ 72

3－6．本製造プラントの定常稼働と累積投資額の回収
　　　― 第二のダーウィンの海を渡り切る ････････････････････････ 73

第4章　創出された事業の拡大と継続

4－1．継続的な技術改良によるコストパフォーマンスの向上と
　　　市場開発部門との連携による新規グレードの開発
　　　― 事業の拡大 ･･ 75

4－2．事業の継続計画（BCP） ･･････････････････････････････ 76

第5章　研究開発から事業化に至る確率

5－1．自社研究開発から事業化に至った事例 ････････････････････ 77

5－2．研究開発テーマの棚卸事例 ････････････････････････････ 81

第6章 研究開発リーダーの役割

6-1. リーダーの心構え ……………………………………………………… 84

6-2. オープンな組織作り ……………………………………………………… 89

6-3. 人材を育てる ……………………………………………………………… 92

6-4. 成功する研究開発のために ……………………………………………… 97

第2部 研究開発から事業化に至った事例から　成功要因(KSF)を学ぶ

(事 例)

事例 1. ε-カプロラクタム製造技術の開発 — 住友化学株式会社 ……… 105

事例 2. インパネ用ウレタンビーズ(TUB)の開発 — 三洋化成工業株式会社 … 111

事例 3. 光学分割用キラルカラムの開発 — 株式会社ダイセル …………… 119

事例 4. ガスバリア性樹脂エバール®の開発 — 株式会社クラレ ………… 125

事例 5. 耐熱性ポリアミド樹脂ジェネスタ®の開発 — 株式会社クラレ … 129

事例 6. 省燃費タイヤ用シランカップリング剤の開発 — 株式会社大阪ソーダ… 137

事例 7. チョウ目殺虫剤フルベンジアミドの発明 — 日本農薬株式会社 … 145

事例 8. ポリエステル系重合トナー(PEB)の開発 — 三洋化成工業株式会社… 153

事例 9. 機能性ポバールの開発 — 日本合成化学工業株式会社 …………… 161

事例 10. 光学フィルム用ラクトン環含有アクリルポリマーの開発
— 株式会社日本触媒…………………………………………… 167

事例 11. 高吸水性樹脂(SAP)の開発 — 三洋化成工業株式会社 ………… 173

事例 12. 樹脂用永久帯電防止剤の開発 — 三洋化成工業株式会社 ……… 181

事例 13. 高吸水性樹脂(SAP)の開発 — 株式会社日本触媒 …………… 189

事例 14. 無機質マイクロカプセルの創製と実用化(国有特許の実用化例)
　　　　 ― 大阪工業技術研究所(現 産業技術総合研究所関西センター) ……193

事例 15. テレケリックポリマーの開発 ― 株式会社カネカ…………………… 199

事例 16. 気相法による医農薬中間体の製造技術開発
　　　　 ― 広栄化学工業株式会社 …………………………………………205

事例 17. アタックNeo®の開発 ― 花王株式会社 …………………… 211

事例 18. 半導体レジスト材料セルグラフィー®の開発
　　　　 ― 株式会社ダイセル …………………………………… 217

事例 19. 光学活性プロパノール誘導体の工業的製法の開発
　　　　 ― 株式会社大阪ソーダ ………………………………………223

事例 20. スキンケア素材(ナールスゲン®)と化粧品の開発
　　　　 ― 株式会社ナールスコーポレーション……………………………233

事例紹介・文章作成者一覧………………………………………………242

参考文献……………………………………………………………… 247
索　　引……………………………………………………………… 249
図表索引……………………………………………………………… 261
編集委員一覧 ……………………………………………………… 263

第 1 部

日本の化学産業における
研究開発を中心としたMOT
（技術経営）

第 1 章
日本の化学産業の発展の歴史と今後の展望・課題

1－1. 日本の化学産業の発展の歴史[1]

　世界の近代化学産業はイギリスの産業革命を起源にスタートし、19世紀半ばに無機化学工業が生まれ、その後、ドイツで石炭化学工業が台頭してきた。19世紀後半から20世紀初期にかけて、電気化学・カーバイド製造（アセチレン化学）、およびハーバー・ボッシュによるアンモニアの直接合成法の成功（BASF社）によって肥料工業や火薬工業などが発展した。さらに20世紀前半には高分子化学をベースに合成繊維、合成樹脂、合成ゴムなどが製造され、第二次世界大戦の勃発による軍需で工業化が加速された。

　第二次世界大戦後は石油を原料とした新しい化学工業がアメリカを中心として発展し、現代につながる石油化学工業が展開してきた。石油、天然ガスを豊富に産出するアメリカが石油化学工業の発展とともに急速に世界の化学工業の主導的地位につくようになってきた。

　このような世界の化学産業の発展の流れの中で、日本の化学産業は江戸時代末（18世紀半ば）にオランダより化学教育が導入され、明治初期（19世紀後半）に鉱山業の発展とともに無機化学工業の導入が始まり、その後、20世紀初期にかけて、肥料工業、資源豊富な石灰石と水力発電をベースに

したカーバイド工業、製鉄工業系による石炭化学工業などが発展してきた。

第二次世界大戦後、1950年代になって日本の石油化学工業が幕開けした。その後、石油化学工業は急速に発展し、高度成長の波にも乗って拡大を続けた。しかしながら、高度成長のひずみとして大気汚染、廃棄物、排水などの環境問題が深刻化し、各地で公害被害が発生した。さらに1970～1980年にかけて2回にわたる石油危機以降、日本の石油化学体制の構造問題が浮き彫りとなった。その結果、石油化学企業は収益性の低い汎用化学製品から収益性の向上を目指して機能性化学品・材料への転換を進めてきた。さらに石油化学業界の再編が加速し、日本の化学企業は事業のグローバル展開を推進し始めた。

1－2. 日本の化学産業の現状[2]

今日の化学産業は主に石油を原料として、化学品、合成樹脂、合成繊維、合成ゴム、塗料、接着剤、化粧品、洗剤、電子材料など幅広い分野の製品を生み出し、私達の生活に役立っている。化学製品は直接消費者に販売される最終消費財としてより、いろいろな分野の産業中間財として利用されることが多い。

日本の化学産業の経済規模は、先ず国全体の化学工業出荷額を世界で比較すると、中国、アメリカに次ぐ第3位（2016年）であり、国内の他産業と比較すると、出荷額は44兆円（2015年）で製造業全体の14％を占め、輸送用機械器具産業（主に自動車産業）に次いで第2位、付加価値額は16兆円（2015年）で製造業全体の17％を占め、同様に第2位である。その他就業者数は87万人（2016年）、研究開発費は2.6兆円（2016年）、設備投資額は1.8兆円（2016年）、海外生産比率は19％（2015年）である。このように日本の化学産業は製造業全体の中で各種産業に素材提供者として大きな役割を果たしており、確固たる地位を占めている。

化学産業界では一般社団法人日本化学工業協会が主導して、"自主的に

「環境・健康・安全」を確保する活動を推し進め、その成果を公表し、社会との対話・コミュニケーションを行う"レスポンシブル・ケア活動を推進・展開してきたが、2016年12月に、新たに「環境・健康・安全に関する日本化学工業協会基本方針」を制定し、経営層自らが積極的に関与して、ライフサイクル全体において環境・健康・安全を確保する活動を一層推進していくことを目指している。

日本の化学産業の国際的な位置付けをみると、2015年の世界の化学企業の医薬品を除く売上高ランキングでは、三菱ケミカルホールディングスの9位が最高位で、その他の日本の化学企業としては、東レ15位、住友化学21位、三井化学25位、信越化学工業27位であり、概して日本の化学企業の売上高は小さく、それ以上に営業利益の低さが目立つ。

日本の化学産業の製品力・技術力は世界レベルで相対的に高く、特に機能性化学製品分野で顕著である。中でも情報・電子分野、自動車・航空機分野などにおける機能性材料では、例えば、液晶ディスプレー用偏光板保護フィルム、フォトスペーサー、シリコンウェハー、各種半導体材料、リチウム電池材料、炭素繊維など、高い世界シェアを誇ってきた。生活・日用品分野、健康・医療分野では、各種界面活性剤、高吸水性樹脂、健康食品、医薬品・医療材料なども押し並べて高いレベルであり、その他環境・省エネ技術においても海水淡水化技術、各種公害防止技術など世界をリードしてきた。そのような機能性化学品・材料を製造・販売している多くの化学企業は業績も相対的に好調である。このように日本の機能性化学品・材料は世界で高いシェアを誇り、顧客産業のイノベーションをリードし、そのグローバル化に対応して世界レベルで事業展開を進めてきた（**図1-1参照**）。しかしながら、最近ではこのような日本の化学産業の優位性は韓国、中国、台湾などに追い上げられてシェアを大きく落としつつある。このような状況を打破していくには、日本の化学企業は強い事業に集中し、オープンイノベーションなどによって外部ソースを積極的に活用しスピーディな技術開発を推進して、より先進的な機能性化学品・材料事業をグロー

第1章　日本の化学産業の発展の歴史と今後の展望・課題

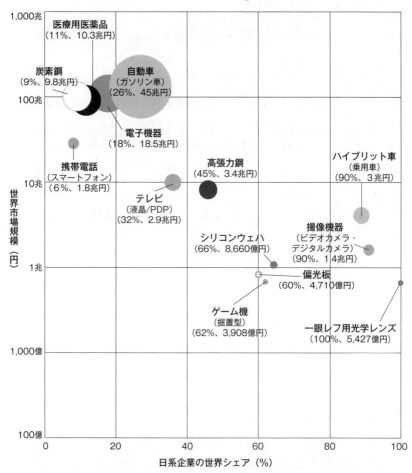

出典：経済産業省「我が国企業の国際競争ポジションの定量的調査」調査結果（富士キメラ総研）(2012年)を加工

【図1−1】化学産業の製品力

バルに展開していくべきであろう。

一方、汎用素材製品分野に目を向けると、今日本各地の石油化学コンビナートでは再構築・縮小均衡の嵐が吹きつつある。北米のシェールガス・オイル生産の本格化や中国経済の減速などによる供給過剰が原因で、日本の石油化学コンビナートの競争力は失われつつある。日本の化学企業が汎用化学製品の分野で競争力を上げていくためには、例えば住友化学のラービグ・プロジェクトのようにグローバルに競争力のある原料立地の事業展開を推進していくべきであろう。

1－3. 日本の化学産業の将来展望[3]

今まで述べてきたような日本の化学産業を取り巻く環境の変化にどのように対応していくべきかを考察していきたい。そのためには今起こりつつある変革をもう少し整理する。

先ず化学産業の原料について、主原料としての石油の地位はまだ続くとは思うが、大きな流れとして、シェールガス・オイル、天然ガス、石炭などの化石資源や、再生可能なバイオマスなどのシェアが少しずつ上がって、原料の多様化が進展していくものと思われる。

その中で最近注目を集めてきているシェールガス・オイルとその影響「シェール革命」について少し詳述する。シェールガス・オイルは頁岩（シェール）の岩盤層に含まれる天然ガス・オイルで、2000年頃から北米を中心に採掘され始め、アメリカは2014年には石油・天然ガスともにほぼ世界一の産出国になった。今までアメリカの化学産業は世界各地の石油資源を求めてグローバルに事業展開をしてきたが、ここにきて国内回帰が始まっており、競争力を回復してきている。シェールガス・オイルの生産・供給の本格化によって、世界の石油・天然ガスの供給過剰が顕著となり、石油・天然ガスの価格が下落してきている。その影響でOPEC諸国やロシア等の資源国の経済は大きなダメージを受けている。日本の石油化学産業

第1章　日本の化学産業の発展の歴史と今後の展望・課題

も今後さらに大きな影響を受けるものと予想され、石油化学コンビナートの再編成・縮小均衡が既に始まっている。このような状況の中で、日本の化学企業も積極的にシェールガス・オイルを求めてアメリカで石油化学事業を拡充しようという動きを起こし始めている。例えば、信越化学工業は塩化ビニル事業強化策として、アメリカでエタンクラッカーの建設を決定し、三菱ケミカルはアメリカでエチレン法MMAモノマー設備建設計画を進めている。

　近年世界の化学系企業は統合・買収・売却をダイナミックに進めている。最近の主な例として、ダウ・ケミカルとデュポンの統合合意(2015年)、中国化工集団のシンジェンタ買収合意(2016年)、バイエルのモンサント買収合意(2016年)などを挙げることができる。その主な目的として、①スペシャリティケミカルのラインアップの拡充による収益拡大、②事業ポートフォリオの整理・改善によるコスト削減・収益拡大、③規模の経済の追及によるコスト削減などが挙げられる。日本の化学企業でも昨今M&Aによる事業の再編・統合が活発化し、優位性のある事業をさらに強化・拡大し、弱い事業の整理・売却を進めて事業ポートフォリオの改善に積極的に取り組みだしている。今後は同じ事業分野を持つ企業同士が連携・統合して世界レベルで競争力を高めていくことが求められよう。

　次に化学産業に関連する技術革新に着目してみると、近い将来に実用化が期待されている技術革新として、①次世代蓄電池(二次電池)技術、②有機系太陽電池技術・人工光合成技術、③燃料電池技術・水素エネルギー技術、④バイオテクノロジーの新展開(生体機能の応用技術、バイオミメティクスなど)、⑤再生可能炭素資源(バイオマス)を活用する有機合成化学、⑥ナノテクノロジーの展開(有機・無機・複合材料などのナノ化技術、ナノ化による新機能の発現、セルロースナノファイバーなど)、⑦新材料技術開発(プリンテッドエレクトロニクス、自己修復材料、軽量化材料、バイオミメティクス材料、生体適合材料など)、⑧新反応プロセス技術の開発(マイクロリアクター技術、マイクロ波リアクター技術など)などを挙げ

ることができる。これらの技術革新を促進し、新規事業の創生を促してい
くためには、産・学・官の共同研究開発や、オープンイノベーションを一
層活発に推進していくことが求められよう。今後、日本の化学産業の強み
の源泉となりうる機能性化学品・材料開発のために必須となる革新的な技
術開発への更なる挑戦とスピードアップには、狭量な自前主義から脱却し、
上述のような共同研究開発・オープンイノベーションの推進を今まで以上
にグローバルに推進・展開していくべきである。既存事業についても強い
事業をさらに深耕・強化し、グローバルな事業展開を目指して技術・事業
戦略を推進・展開していかねばならない。

　さらに化学産業における新たな分野として、AI（人工知能）、IoT（モノ
のインターネット）などの活用が今注目されつつある。具体的な応用分野
として、①化学工場の保安体制の構築、②高品質・高生産性生産体制の構
築、③高機能材料「スマートマテリアル」の活用・市場拡大などが挙げら
れる。

　最後に、今まで述べてきた日本の化学産業の現状と今世界の化学産業界
で起こりつつある変革の中で、今後日本の化学産業はどのような将来展望
を描き、その達成のためにどのような方策をとるべきかを述べる。

　日本の化学産業が目指すべき将来展望としては、第一に先進的技術開発
力と収益力をさらに高めて、機能性化学製品分野で世界のリーダーの地位
を構築し、世界の化学産業とその顧客産業（情報電子産業、自動車産業、
航空宇宙産業、環境・エネルギー産業、健康・医療産業など）の発展に貢
献すべきである。一方、汎用化学製品分野では、技術力を武器に競争力の
ある原料を求めた世界展開、新興経済発展国の旺盛な消費力に対応した事
業展開を目指すべきである。

　上記のような将来展望を達成するための方策として、先ず①既存事業を
強化・拡充して企業基盤を強化することが大切である。自社の事業の中で、
競争力のある機能性化学製品分野を絞り込み、グローバル・ニッチ・トッ
プを目指して強化・拡充していく。そのためには、オープンイノベーショ

ンの活用で技術開発のスピードアップを図り、さらに世界レベルでのM＆Aを積極的に活用していくことが望まれる。次に②新規事業開発に全力を挙げて挑戦していくべきである。将来有望な新規成長分野は今や世界レベルで共通ではあるが、その中で個々の企業の歴史・技術力などを勘案して、具体的な個別事業を選別し、独自性を発揮していくことが大切である。研究開発・事業開発のスタートから共同開発・M＆Aなどを活用してスピードアップを図っていく。さらに③ビジネスモデルの進化・変革を進めて収益力を高めていきたい。ファイン・スペシャリティ製品事業モデルからサービスを付与したソリューション事業モデルへの変革を目指す。そのためにはオープンラボラトリーの活用が必須となろう。

１－４．化学産業の新規事業開発・研究開発の事業化におけるMOT（技術経営）の重要性

　筆者らは2014年、一般社団法人近畿化学協会 化学技術アドバイザー会（近化CA）に「MOT研究会」を発足させた。この研究会は対象分野を化学産業に特化し、事例研究を重視した実践的なMOT（Management of Technology, 技術経営）研究会活動を目指してきた。その理由は、既に世の中には多くのMOTに関するテキストが発刊されていたが、多くは理論的で、且つ組立産業向けのものであり、化学産業のようなプロセス産業における研究開発から事業化までの適切なMOT（技術経営）に関するテキストは極めて少なかったからである。

　１－３.項で述べてきたように、今後の新規事業開発は、従来のような狭量な自前主義から脱却して研究開発テーマの設定・推進から事業化まで、革新的且つ実践的なMOT（技術経営）、例えばオープンイノベーション、共同開発、M＆Aなども駆使して、レベルとスピードを大幅に向上させ、世界のトップを目指した先進的な研究開発・事業開発を達成していくべきであろう。換言すれば、グローバル大競争時代の今、近未来に大きな成長

1－4. 化学産業の新規事業開発・研究開発の事業化における MOT（技術経営）の重要性

が期待できる分野で独創的な新規事業をいち早く創出するためには、研究・技術開発や事業開発を研究開発部門に任せっきりにせず、経営の総力を挙げてマネジメントしていかねばならない。即ち、MOT（技術経営）が極めて重要な経営課題となってきている。

第 2 章

研究開発テーマの選択と決定[4]

　研究開発テーマの選択と決定は、新製品の創出や技術開発力を成長の原動力とする化学企業にとって極めて重要であるが、大別して従来の伝統的な公募テーマから絞り込む決定方法と公募テーマと並行し経営戦略をベースとする決定方法の二通りがある。グローバル化に伴って企業間の競争が熾烈化している昨今、MOTの普及と相俟って企業経営にとって全社で共有されるべき戦略的思考や諸策が不可欠となり、また有望技術の戦略的獲得など研究開発の生産性向上のためにも公募テーマと並行し経営・技術戦略をベースとする決定方法に移行する企業が徐々に増えてきていると推定[注1] される。もちろん、企業によっては、経営戦略は立案されるが個々の研究開発テーマの決定までには踏み込まず、上述の公募テーマから絞り込む決定方法を併用している企業もあると推定される。さらに、伝統的に技術系社長が選任される企業では、その事業規模の大小に拘わらずあたかも日々の企業活動を通して自然発生的に研究開発テーマが生まれ、迅速な選択・決定が経営レベルで執行されている企業もあるであろう。

　参考のために、研究開発テーマの選択・決定に関連し、従来の公募テーマから絞り込む決定方法の背景にある「日本企業の伝統的MOT」と経営・技術戦略をベースとする決定方法の背景にある「経営・技術戦略をベースとする近年のMOT」[5]（**図2－1**参照)を示した。

13

第２章　研究開発テーマの選択と決定

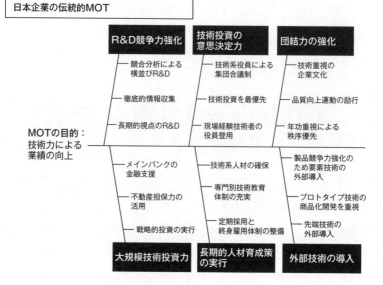

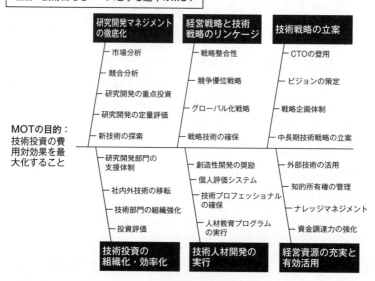

資料：寺本義也、山本尚利『MOTアドバンスト技術戦略』(2003年)

【図２−１】研究開発テーマの選択・決定方法の背景にあるMOT

[注1] **研究開発者のテーマに対する戦略意識・思考の一例**

　有機合成化学協会と日本プロセス化学会が共同で『企業研究者たちの感動の瞬間』[6]と題する書籍が2017年3月に化学同人より刊行された。企業研究者達が感動した事例が医薬・農薬分野で19例、ファインケミカル・材料分野で15例が紹介されている。各事例の後に、研究者自身への直接質問の一つに、「テーマの決め方・研究開発の進め方」がある。その回答の中に経営戦略や技術戦略など戦略の文字が明記されているのが医薬農薬分野では0件、ファインケミカル・材料分野では4例、戦略の文字はないが文面からその意識・思考が伺える（筆者が判断）のが前者で10例、後者で7例、全くないのが前者で9例、後者で4例であった。

２−１．公募テーマから絞り込む決定方法

　1980年代後半頃までの日本企業は、市場や技術の変化があまり多くない環境の下で、競合している先進欧米企業や先行する国内企業の技術や製品に如何に早くキャッチアップすることが第一優先課題であり、経営戦略的、あるいは技術戦略的な思考を巡らす機会は少なかった。このような環境下での企業における研究開発テーマの決定方法として例外があるにせよほとんどの場合、いわゆる公募テーマから絞り込む決定方法[7]（**図２−２**参照）が一般的であった。具体的には、日常の企業活動を通して得られる情報を基に、企画部門や研究開発部門、生産技術部門あるいは事業部門が中心となって全社から研究開発テーマを公募し、主に研究開発部門中心のテーマ検討会で選択・決定されたテーマについて試験的に確かめられる。その中から有望なテーマについて今日でいう最高技術責任者（CTO：Chief Technology Officer）や事業部も参加する技術会議で審議・選択され本格的な研究開発が実行され、そして最終的に事業化に結実しそうなテーマが経営会議に諮られて相応な経営資源の配分が稟議決裁される。現在でもこ

の決定方法を時代に適合する形で採用している企業がある。

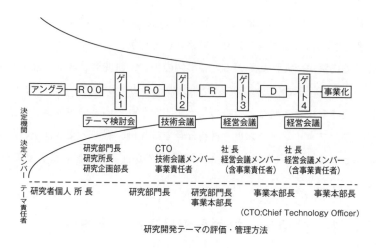

資料：桑原裕、安部忠彦『MOT技術経営の本質と潮流』丸善(2006年)

【図2-2】公募テーマから絞り込む研究開発テーマの決定方法

2-2．経営・技術戦略をベースとする決定方法

　企業にとってどのように研究開発テーマを選択し決定していくかは、企業を取り巻く環境の変化が激しく製品や事業のライフサイクルの短命化が顕著になっているグローバルな大競争時代において企業を変革し、存続・成長させていく上で最も重要な経営課題の一つである。通常、企業では社長の交代時や経営の節目に経営戦略から導かれる3～5年にわたる中長期経営計画が社長をトップする経営企画、財務、事業、生産、研究開発などの各部門から選ばれた人達で構成される特別チーム（時には専門のコンサルタントが招聘される）によって立案される。経営戦略は、企業戦略（全社戦略とも称される）、事業戦略および機能戦略の三つの戦略レベルで相互

2－2．経営・技術戦略をベースとする決定方法

に整合性を保ちながら立案され、また、その検討過程で発生した戦略的技術課題に対処するために、執行役員から選ばれたCTOの指揮のもとに技術戦略(主として研究開発戦略、生産戦略、情報化戦略などの機能戦略)が立案され、その中の研究開発戦略から実行すべき研究開発テーマが決定される。このような手順で選択・決定された個々の研究開発テーマは企業戦略および事業戦略と直結することになり、また、経営に携わる取締役や執行役全員の意思や決意が反映され、技術経営(MOT)を実行する上で根幹となる研究開発活動を通して企業の変革・成長への気運が全社的に醸成されることになる。

　これらの戦略立案によって、社長が思い描く経営ビジョンの実現性を高め、最終年度に達成する事業分野・構成とともに、総売上高(特に新規事業領域の売上高比率)およびセグメント別売上高、営業および経常利益高、財務諸表から加工して得られる売上高営業利益率・株主資本利益率(ROE：Return on Equity)・資産利益率(ROA：Return on Asset)などで代表される経営目標が公表される。経営理念と経営ビジョン、経営戦略、企業(全社)戦略、事業戦略、機能戦略、そして技術戦略の一環である研究開発戦略から研究開発テーマが選択・決定されるプロセスの概念図を**図2－3**に示した。

　一方、経営戦略立案で留意せねばならない基本事項として、ここ四半世紀にわたって化学産業をはじめ日本企業の国際競争力の低下傾向に鑑み、これまでのような現有の経営資源を前提にした漸進的・同質的な経営戦略ではなく、換言すれば徹底した外部環境分析(**2－4**.項参照)を優先的に行い、その上で内部環境分析との融合を図り競合相手が思いつかないような独自の経営戦略を立案することが重要となってきている。

17

第2章　研究開発テーマの選択と決定

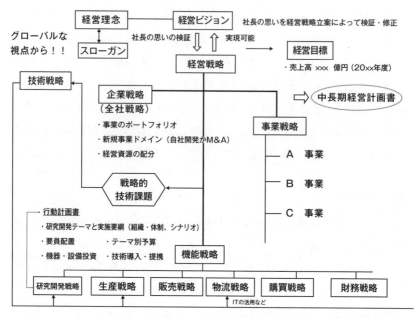

【図2-3】経営・技術戦略から研究開発テーマが選択・決定されるプロセスの概念図

2-3．経営戦略を構成する重要な要素

　ここで理解を深めるために、経営戦略を構成する重要な要素として、①事業ドメイン（事業を展開する領域）、②コア・コンピタンス（競争のための最も有効な手段）、③経営資源配分（配分の最適化）、④シナジー効果（経営資源の共有化）の四つについて説明する。

　この中でも内部・外部環境分析から抽出された幾つかの成功要因に基づいた①の事業ドメインの設定（または定義）は、その企業の競争優位性を決定付ける重要な作業となる。事業ドメインは、顧客（市場軸）とニーズ（機能軸）、それに応じた自社技術に基づく製品やサービス（技術軸）から判断される。これまでの多角化経営で失敗した企業の多くは、ドメインの数が

2−3．経営戦略を構成する重要な要素

あまりにも多くなり、限られた経営資源の集中化が不可能になったことに起因している。また、ドメインは常に変化していくが、変化に合わせその範囲や切り口を柔軟に変えていかねばならない。例えば、IBMは、それまでの「コンピュータの製造販売」から「ソリューションの提供」へと事業を変えて成功を収めた。また、セコムは「ガードマン事業」から「顧客の安全を守る事業」、そして「顧客の安全と健康を守る事業」へと事業ドメインを進化させることによって事業の拡大に成功している。事業ドメインが明確になり事業ドメインでどのような戦略を実行すべきかを検討するときに、経営企画部門（特に新規な事業ドメインに注力）や各事業部門が、共通の分析枠組みとして例えばSWOT（**表2−3**参照）分析などを活用しながら議論を行えば、各部門が理解しやすい形にまとめることができる。

　このように事業ドメインの選択と集中による事業ポートフォリオの戦略的見直しは企業の成長戦略にとって最大の経営課題であるが、1989年のベルリンの壁崩壊をきっかけにアメリカを中心とする西側自由主義諸国とソ連を中心とする東側社会主義諸国の対立による東西冷戦時代が一気に終結し、欧米の企業、その中でも特に総合化学企業では、グローバル化の進行によって企業の国際競争力の強化が経営戦略の第一優先課題となり、第一波としてイギリスICI社を皮切りに1990年代から2001年頃までに売却やM＆Aなどによる事業ポートフォリオの見直しが猛烈な勢いでダイナミックに断行された。それによって巨大総合化学企業として知られていたドイツのHoechst社やフランスのRhone-Poulenc社、イタリアのMontedison社、スイスのChiba Geigy社およびSandoz社、アメリカのArco Chemical社などの会社名がこの世から消え去ってしまったのである。この激しい選択と集中には三つ流れがあり、医薬をコアとするライフサイエンス分野への流れ、ファイン・スペシャリティケミカル分野への流れ、もう一つは化学・高分子製品事業拡大の流れである。2002年頃から第一波のような勢いは衰えたが第二波として更なる事業ポートフォリオの組み換えや大規模企業同士のM＆Aが現在も続いている。このようにグローバル競争激化の対応と

19

第2章 研究開発テーマの選択と決定

してグローバルNo.1獲得のためのM&Aとグローバルオペレーションによる成長戦略（収益拡大戦略）で欧米各社は1990年後半以降100億ドル以上の事業ポートフォリオの入れ替えを断行したが、国内化学企業各社はグループ内のM&Aを除けば事業ポートフォリオの入れ替えは極めて限定的で

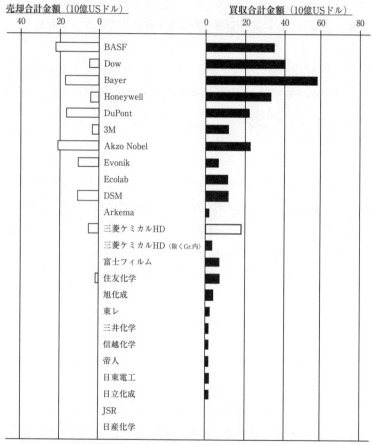

（出典）みずほ銀行調査部作成
　資料：経済産業省製造産業局化学課機能性化学品室「機能性素材産業政策の方向性」
　　　　（2015年6月）

【図2-4】1990年後半以降のM&A総額（案件公表額1億USドル以上の合計額）

あった[8]（**図２－４**参照）。結果的に欧米の化学企業に比べ総じて日本の化学企業の収益率がかなり低い（**図２－９**参照）最大の要因になっていると推定される。

　ところで、化学産業における事業ドメインを構成する製品には、"化学"という特性（化学反応による新規物質の創生と機能の発現）を利用した単一の化学物質からなる製品だけでなく、複数の化学物質を混合して得られる製品、あるいは高分子量の化学物質である熱可塑性（または熱硬化性）樹脂を成形加工して得られる加工製品、また、生物の機能を利用（バイオテクノロジー）した製品など多岐にわたっており、それらの製品は、農業、食品産業、電気電子産業、自動車・航空機などの輸送用機械・機器産業、医療サービス産業、繊維産業、建設業など広範囲な産業で使用されている。また、近年これらの産業において従来化学産業が担ってきた高性能・高機能化学製品の研究開発を自ら推進してる企業も急増している。従って、経営戦略における競争優位の事業ドメインの設定には成長が期待される化学以外の他の産業の動向についての分析も必須となる。参考のために一般社団法人日本化学工業協会が公表した『グラフで見る日本の化学工業2017』[2-①]の資料から、2015年度の日本の製造業における化学工業の位置付けを**表２－１**に示した。特に、広義の化学工業の出荷額は全製造業で２位の43.9兆円であり、付加価値額（出荷額から原材料投入額、国内消費税および原価償却額を差し引いた額）は２位の16.2兆円で日本の経済を支えている製造業のなかでも化学産業は重要な位置を占めている。

第2章　研究開発テーマの選択と決定

【表2−1】日本の製造業における化学工業（2015年）

	付加価値額 （単位：兆円）	出荷額 （単位：兆円）	従業員数* （単位：万人）
広義の化学工業 「化学」＋「プラ」＋「ゴム」	16.2 （2位16.6%）	43.9 （2位14.0%）	87.5 （3位11.7%）
化学工業 「化学」	10.5 （10.8%）	28.6 （9.1%）	34.9 （4.7%）
「化学」の内 「医薬」	4.1 （4.2%）	8.4 （2.7%）	9.6 （1.3%）

（　）内は全製造業における順位と割合　＊従業員数は2016年度
資料：一般社団法人日本化学工業協会（2018年3月）

また、**表2−1**の化学工業における製品毎の出荷額（単位：兆円）は、

1．化学肥料　　　　　　　　0.31
2．無機化学工業製品　　　　1.95
3．有機化学工業製品
　・石油化学系基礎製品　　　1.70
　・脂肪族系中間物　　　　　1.54
　・環式中間物・合成染料
　・有機顔料　　　　　　　　2.12
　・プラスチックス　　　　　3.68
　・合成ゴム　　　　　　　　0.54
　・その他有機化学工業製品　1.72

4．最終製品
　・油脂・石けん・合成洗剤・界面活性剤
　　　　　　　　　　　　　　1.12
　・塗料　　　　　　　　　　0.99
　・医薬品　　　　　　　　　8.36
　・農薬　　　　　　　　　　0.34
　・化粧品・歯磨・その他の化粧用調製品
　　　　　　　　　　　　　　1.56
　・ゼラチン・接着剤　　　　0.33
　・写真感光材料　　　　　　0.33
　・その他の最終化学製品　　2.05

であり、製品別の構成比は、化学肥料1.1％、無機化学工業製品6.8％、有機化学工業製品39.4％、最終製品52.7％である。広義の化学工業の出荷額は、この上に、プラスチック製品として11.77兆円、ゴム製品として3.50兆円の出荷額が加算される。

　1980年代から始まったバイオテクノロジー、エレクトロニクス、新素材の三つの分野における世界的な開発競争で、日本は電子情報材料・部材を中心とする機能性化学品で強みを発揮し、ピーク時、世界の半導体産業の材料・部材の約7割が、液晶・リチウム電池産業の材料・部材の約3割が日本から出荷されていたが、近年、我が国のエレクトロニクス産業の競争力の低下や海外の顧客による身内グループからの調達、海外メーカーの新規参入などで一部シェアを失いつつある。一方、機能性化学品あるいは機能性素材の市場[9]（**図2－5**参照）は電子情報材料分野（その世界市場規模は約3兆円で全世界の機能性市場の1割に満たない）に劣らない規模で高い成長潜在性を有するニュートリション（サプリメントに代表される栄養剤あるいは栄養補給剤）や化粧品原料、食品添加物、香料・フレーバーなどの消費財製品、熱可塑性エンジニアリングプラスチック（エンプラ）やスーパーエンプラ、高機能フィルムなどの機能性ポリマー、建築用化学品、産業用洗浄剤、水処理用薬品などの機能性素材の市場では日本企業の存在感が薄く欧米勢力の後塵を拝する状況が続いており、我が国化学産業を中心とした機能性素材産業の競争力強化に向けた諸施策が産官学連携して講じられつつある。このようにダイナミックに変化していく市場に対応した事業ドメインの検討・設定には更なるグローバルな視点が重要となる。

第２章　研究開発テーマの選択と決定

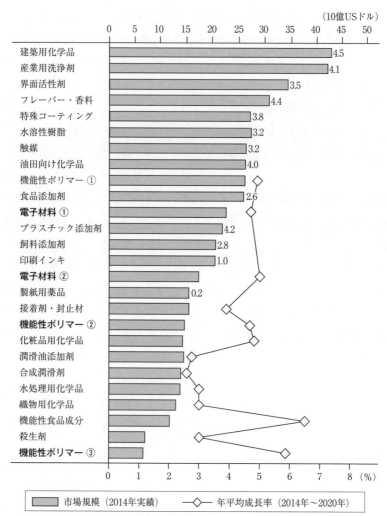

【図２−５】世界の機能性化学品市場規模と成長率

2－3．経営戦略を構成する重要な要素

　経営戦略で考えねばならない二つめの重要なポイントは、コア・コンピタンス(Core Competence)であり、コア・コンピタンスとは「顧客に対して、他社にはまねのできない自社ならではの価値を提供する、企業の中核的な力」であり、中核的な力には、技術開発やスキル、ブランド、生産方式、物流ネットワークなど、様々な力が挙げられるであろう。コア・コンピタンスは、模倣可能性(Imitability)、移転可能性(Transferability)、代替可能性(Substitutability)、希少性(Scarcity)、耐久性(Durability)の五つの点について、市場環境、競争環境の視点から適時見極めていかねばならないと言われている。

　経営戦略で考えねばならない三つめの重要なポイントは、立案された各戦略を実行するために必要な経営資源を配分することである。経営資源には限りがあるので、企業戦略、そして事業戦略や機能戦略を立案する各部門間の議論は白熱化するケースが多い。経営資源配分には、自社が保有している資源と不足している資源をM＆A(Merger & Acquisition：合併・買収、近年、革新的な技術を有するベンチャー企業の買収が盛んに行われている)、アライアンス(他企業・大学・公的機関などとの連携・協力)、アウトソーシング(外部への業務委託)などによって補完する方法がある。最近のアウトソーシングでは、コスト削減や高付加価値の享受を期待する戦略から、人事や財務などの管理業務から、研究開発、製造、営業販売、物流に至るまで幅広い機能を外部の専門機関に委託する企業が増えている。その一方で、アウトソーシングには、情報流出のリスクや、社内にノウハウが蓄積されないといったデメリットも存在する。経営のスピードや高い効率性が求められる競争環境においては、自社に必要な機能や能力を十分に見極めることと、メリット、デメリットを考慮に入れながら外部資源の有効利用を考えることが重要である。

　経営戦略で考えねばならない四つめの重要なポイントは、シナジー効果(相乗効果、Synergy Effect)である。シナジー効果とは、特に多角化戦略に必要な要素の一つであり、経営資源を共有して活用することで部分的な

第 2 章　研究開発テーマの選択と決定

総和より大きい企業価値が得られる効果のことを意味する。例えば、販売・流通チャンネルやノウハウ、物流設備などの共有化することによって得られる販売シナジー、生産技術や方式、資材・原材料などを共有化することによって得られる生産シナジー、設備の共通利用、研究投資などを共有化することによって得られる投資シナジー、事業の統廃合、組織文化など経営管理についてのノウハウの共有化によって得られる経営シナジーなどがある。また、事業の運営において経済性の分析は不可欠であるが、事業の経済性を高めるものとして、主に、範囲の経済性、規模の経済性、経験効果の三つがある。その中で、シナジー効果が期待されるのは範囲の経済性（Economy of Scope）である。企業が複数の事業を展開することにより、経営資源を共有化でき、より経済的に事業運営していくことが可能になることを指す。ちなみに、規模の経済性とは、工業製品などの事業規模を大きくすることによって低コストを実現し、経済的に事業運営をすることが可能になることであり、経験効果とは、過去から現在に至るまでの累積の経験量（従業員の熟練や作業の標準化など）からのコスト低減が可能になることを指している。

2−4. 企業戦略立案に活用される分析手法（フレームワーク）

　企業戦略（国内外の全グループ企業を包含する全社戦略）では、様々な分析手法（フレームワーク）を用いてグローバルな視点から企業を取り巻く外部環境[注2]や内部環境[注3]の分析を行い、企業が目指す方向性を明確にし、事業領域（事業ドメイン）、事業の組み合わせと重点化の順位（既述の事業のポートフォリオ）、競争優位性確保の方策、企業全体の限られた経営資源[注4]の適切な分配などを決定する。外部環境分析手法としては、マクロ環境分析（PEST分析[注5]）、ミクロ環境分析（3C分析[注6]）、業界環境分析（市場規模、市場成長性、市場シェアなど）、業界構造分析（5F

分析 [注7]) などがあり、内部環境分析手法としては、業績・収益性分析、バリューチェーン分析 [注8]、4 P分析 [注9] などがある。また、環境分析の現状を踏まえてSWOT分析 [注10] が行われる。特に、成長分野に多くの新規事業を有している企業では、各事業が個別に戦略を追求すると、人事面、財務面などで経営資源の許容限度を超える場合があり、全社的な視点から事業間の調整を行い経営資源配分の優先順位を決めていくことが肝要である。また、ある事業が保有する技術力、ブランド力、ノウハウや人材などを他の事業に転用、あるいは共有して事業間の相乗効果（シナジー）を創出し、経営効率を高めることも重要である。また、上述のように化学が関わる事業ドメインは広範囲にわたるために、事業ドメインの検討には化学業界だけでなく他の業界の市場動向や技術動向などについても詳細な分析が必要となる。企業および事業戦略や技術戦略で経営資源の分配などを決定するために使用される戦略論には、企業の地位を重視する「コトラーの戦略論」、市場占有率を重視する「ランチェスターの戦略論」、競合企業との差別化を重視する「差別化の戦略論」、市場における事業のポジショニングを重視する「PPM [注11] の戦略論」などがある。

[注2] 外部環境分析項目の例

　国内外の景気動向、法令・制度改正、人口推移、資源・エネルギー環境、社会的価値、技術革新、為替相場、市場環境（グローバルな視点からの競合他社の動きや顧客のニーズ）など。

[注3] 内部環境分析項目の例

　組織力（企業統治力）、営業力、技術・製品開発力、財務力、人材、生産・品質保証力、情報化技術力、製品サービス力、市場開発力、物流力、ブランド力、知的財産力など。

第2章 研究開発テーマの選択と決定

[注4] 経営資源

　経営資源は有形資源と無形資源に大別され、有形資源には、ヒト（人的経営資源）、モノ（工場、設備など物的経営資源）、カネ（資金など金銭的経営資源）があり、無形資源には、情報、知的財産、ブランド、信用、イメージなどがある。有形資源は時間をかけなくても入手できるが、無形資源は年月をかけて蓄積されていく経営資源で競争優位の源泉として今後益々重要となってくる。

[注5] マクロ環境分析（PEST分析）

　マクロ環境分析の代表的なフレームワークで、政治（Politics）、経済（Economy）、社会（Society）、技術（Technology）のそれぞれの頭文字をとったフレームワークである。分析対象に企業に大きな影響を及ぼしそうな項目をピックアップし、今後に与える影響を考える。

[注6] ミクロ環境分析（３Ｃ分析）

　３Ｃ分析とは、企業の事業環境分析や企画立案において定番とされている手法で、事業全体像を、自社（Company）、競合（Competitor）、市場・顧客（Customer）の三つの点から分析する。３Ｃ分析は、市場と競合の分析から導かれるその事業でのKSF（Key Success Factors：成功要因）に対し、自社の分析からKSFとのギャップを見つけてアクションを導き出すような形で用いられる。

[注7] 業界構造分析（５Ｆ分析）

　M.E.ポーター著『競争優位の戦略』[10]で唱えられたもので、業界構造分析の代表的なフレームワークとして使用される。ファイブフォース（５Ｆ）とは、新規参入の脅威、代替品の脅威、買い手の交渉力、売り手の交渉力、業界競合他社を表し、その業界の収益構造や競争におけるキーポイントを判断するための分析フレームワークである（図２-６参照）。

2-4. 企業戦略立案に活用される分析手法（フレームワーク）

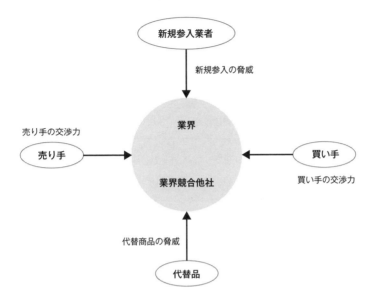

資料：M.E.ポーター『競争優位の戦略』(1985年)

【図2-6】業界の収益性を決める五つの競争要因

[注8] **バリューチェーン分析**

　上記の5F分析と同様に、M.E.ポーターが同著で唱えたもので、バリューチェーンは"企業活動の価値（最終的にユーザーから支払われる対価を指す）とマージン（利益）を一連の連鎖的（Chain）な活動としてあらわすもの"とし、いかなる企業のバリューチェーンも、五つの主たる活動（購買、製造、出荷、販売・マーケティング、サービス）と四つの支援活動（管理＜企画、経理、総務なども入る＞、人事・労務、技術開発、調達）からなるとしている（**図2-7**参照）。このバリューチェーン分析で、どの機能で付加価値が創出されるか、どの機能に強み、弱みがあるのか、また、どの機能でコスト競争力や差別化競争力を生み出すかなど、企業戦略などの戦略立案時に総合的に検討される。バリューチェーン分析による成功要因分析の1例[11]を**表2-2**に示す。この表で示されるバリューチェーンを構成する項目

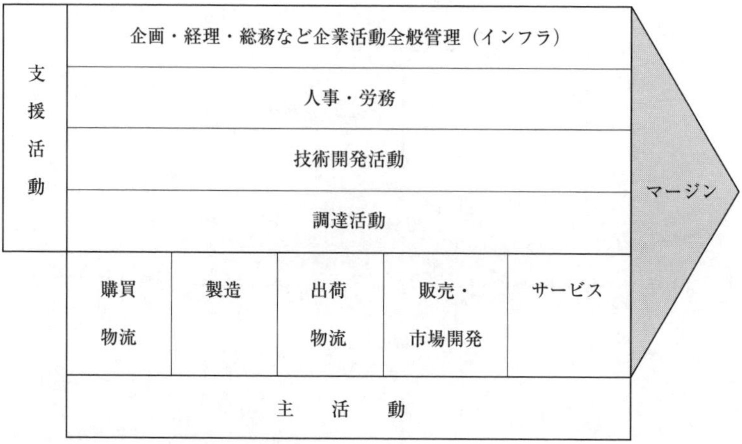

第2章　研究開発テーマの選択と決定

支援活動	企画・経理・総務など企業活動全般管理（インフラ）				
	人事・労務				
	技術開発活動				
	調達活動				
	購買物流	製造	出荷物流	販売・市場開発	サービス
	主　活　動				

資料：M.E.ポーター『競争優位の戦略』（1985年）

【図2－7】価値連鎖（バリューチェーン）の基本形

【表2－2】バリューチェーンによる成功要因分析

バリューチェーン	成功要因の例	業界の例
調　達	・大量購入による価格交渉力	・ディスカウントショップ ・大規模量販店
開　発	・開発のスピード ・特許化による技術防衛 ・他社との連携	・製薬 ・自動車
生　産	・生産コスト　　・品質管理 ・生産のフレキシビリティー	・半導体 ・電子部品
マーケティング	・広告宣伝　　・ブランド ・市場の絞込み	・化粧品 ・衣料品
販　売	・顧客の組織化 ・営業員教育	・保険 ・医薬
物　流	・品揃え　　・迅速さ ・限定地域対象　・小口対応	・コンビニエンスストア ・ピザ宅配
サービス	・定期点検　　・24時間サービス ・迅速な対応	・航空機エンジン ・情報システム

資料：藤末健三『技術経営入門』（2004年）

2−4．企業戦略立案に活用される分析手法（フレームワーク）

の中で、化学産業においては主として開発と生産において企業価値が創造される。

[注9] 4P分析

　マーケティング戦略を成功させるために使用される分析手法で、ターゲット市場に働きかけるための手段の組み合わせ（マーケティングミックス）は、製品（Product）、場所／流通（Place）、販促（Promotion）、価格（Price）で表現される。これらをどのように組み合わせるかが重要となる。

[注10] SWOT分析（SWOT Analysis）

　SWOT分析は戦略の立案を支援するための基本的な分析フレームワークで、このフレームワークでは、外部環境および内部環境の分析のから得られる現実を踏まえて外部に起因する機会（Opportunities）と脅威（Threats）、そし内部に起因する強み（Strengths）と弱み（Weaknesses）を明らかにする。SWOT分析で注意せねばならないことは、分析は主観的な情報ではなく、客観的な情報に基づいたものでなければならない。そのために、企業内の人材に止まらず外部からの専門家を招聘して行われることもある。このようにSWOT分析は、戦略の構築および評価のために活用されるが、SWOT分析を行えば必ず戦略の構築や代替案の評価が得られるとは限らず、事業プロセスでの収益構造や重点プロセスなどについての示唆は得られない（**表2−3**参照）。

【表2−3】 SWOT分析による最高のチャンスと最大のピンチ

		内部環境	
		弱み（W）	強み（S）
外部環境	機会（O）	弱みを克服できれば 選択領域	最高のチャンス （独自性が発揮できる領域）
	脅威（T）	最大のピンチ （回避すべき領域）	強みで対処不可能であれば 回避すべき領域

第2章 研究開発テーマの選択と決定

[注11] PPM（Product Portfolio Management：プロダクト・ポートフォリオ・マネジメント

上述のように複数の事業を持つ企業では、各事業への経営資源の配分は非常に重要であるが、この経営資源の配分を行う際に使われるツールとして、ボストンコンサルティング・グループ（BCG）が考案したPPMがある。縦軸に市場の成長率、横軸に市場シェアをとると**図2-8**のような四つのマトリックスに分割できる。また、PPMは製品（群）のマトリックス毎の特許出願戦略を考える場合などにも利用される。

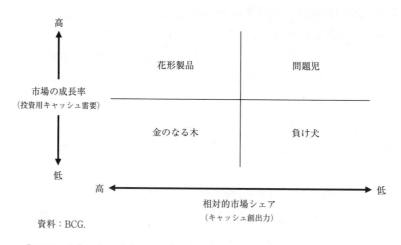

【図2-8】プロダクト・ポートフォリオ・マネジメント(PPM)

花形製品

市場成長率および相対的市場シェアが高い状態で、ここでは激しい競争が行われていることが多く、高い市場シェアを確保したまま、市場成長率が低下する（"金のなる木"にシフトする）まで保持していくことが必要になる。そのため、売上や利益が大きいが、投資額も大きい。

金のなる木

低い市場成長率、高い相対的市場シェアの状態で、低い市場成長率のために新規参入者や競争の恐れが少なく、安定した利益を享受できる。しかし、成長性という視点からは期待できず、"金のなる木" から得られるキャッシュを手元に新たな研究開発などへの投資が必要となる。特に近年の日本の化学企業でこの象限に相当する製品(群)の割合が高くなっていると推定される。

問題児

高い市場成長率、低い相対的市場シェアの状態で、高い市場成長率のためにシェア獲得など競争優位を保持するために投資が必要となる。市場成長率が高い間に "花形製品" へシフトしないと "負け犬" となり市場からの撤退が余儀なくされる。

負け犬

市場成長率、相対的市場シェアがともに低いため、事業の撤退を検討する。

PPMを使用する上での注意点

1）PPMは状況判断の材料となるが、ビジョン、戦略とは異なり、PPMで扱う情報は "キャッシュ" である
2）実際の経営資源には、キャッシュ以外に、技術、ノウハウ、ブランド、人材、情報、モノなど様々な資源があり、事業間のシナジー効果なども考慮して経営資源の配分が決められる

以上、企業戦略を立案する上での基本的な事項や作業について述べてきたが、世界の化学産業の近年の動向を踏まえどのような視点から企業戦略を立案すべきか、参考になる提案[12] があるので以下に紹介したい。近年、

第2章 研究開発テーマの選択と決定

化学産業のコモディディー化の波が押し寄せ、コストで勝る新興国系化学企業が躍進する一方、欧米系化学企業は、M&Aと販路のシナジーで成長と収益維持を両立している（図2－9参照）、このような事業環境下における日本化学企業の成長戦略の選択肢として、①バイエルに代表される横串型スペシャリティモデルによる既存市場の深耕、②3Mに代表されるソリューションモデルによる高付加価値化、③デュポンに代表されるプラットフォームモデルによる異業種進出－の三つが考えられ一体化した全社成長戦略を立案することが肝要であり、これらのビジネスモデル開発には経営戦略策定機能、ビジネスモデル構想機能、組織・企業間連携機能、自己変革推進機能の四つの機能を強化しなければならない（図2－10参照）、ことなどが提案されている。

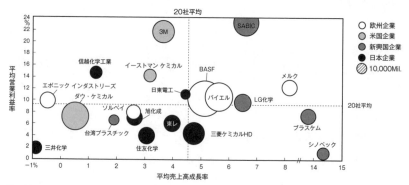

注）売上高成長率は各社の現地通貨ベース。売上高はUSドルベース
営業利益率は為替変動や原料価格による収益変動が大きいため、過去5年の平均値とした
出所）各社財務諸表よりNRI作成

資料：中島崇文、青嶋稔「化学産業における事業開発モデル」『知的資産創造』（2017年3月号）

【図2－9】世界の大手化学メーカーの収益状況（2011～2015年）

2−5．事業戦略立案に活用される分析手法（フレームワーク）

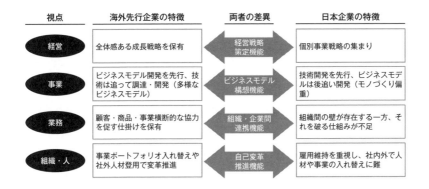

資料：中島崇文、青嶋稔「化学産業における事業開発モデル」『知的資産創造』（2017年3月号）

【図2−10】ビジネスモデル開発にかかわる日本企業と海外企業との比較

2−5．事業戦略立案に活用される分析手法（フレームワーク）

　グローバルな視点から企業戦略で選択された事業領域における個別の事業単位での戦略。事業が係る特定の市場で競合他社企業に対して、どのように競争優位性を確保するかが焦点となり、企業間の競争力分析などから競争戦略[注12]の検討を行う。また、事業戦略の立案に使用されるフレームワークとしては、コンジョイント分析[注13]、シナリオ分析[注14]、前出のバリューチェーン分析などがある。事業戦略の段階では、企業戦略で基本的に経営資源の配分も決まっており、その有効活用や、コア・コンピタンスを蓄積する仕組みの構築など競争優位性の確保を目指す戦略を打ち出し、事業の目標を達成するための具体的な活動計画を策定する。

[注12] **競争戦略（Strategy for Competitiveness）**
　　M.E.ポーターが『競争の戦略（Strategy for Competitiveness）』[13]で使っ

第2章　研究開発テーマの選択と決定

て以来普及したもので、競争の戦略には次の三つの戦略がある。

1）コスト・リーダーシップ戦略

　バリューチェーン（**図2−7**を参照）における五つの主活動と四つの支援活動において、低コスト化を図り、低価格を実現する。

2）差別化戦略

　顧客から見た製品価値を、他社よりも高くする戦略。顧客にとっての製品価値とは、①機能的な価値（製品が持つ機能の価値）、②感性的価値（デザイン、ブランドなど人の感性を満足させる価値）、③安心的価値（アフターサービスや納期といった保証的な価値）に分類できる。

3）集中戦略

　狭い市場や競合他社が見過ごしている市場（ニッチ市場）で優位に立つ戦略

[注13] コンジョイント分析

　新製品開発などのケースで、複数の製品やサービスの候補の考えうる組み合わせを実験的に作成し、各々についての評価結果を統計的に処理することによって、消費者が最重要視する属性・水準、即ち製品やサービスの「何を」を「どの程度」変更すれば満足度が得られるかなどを明らかにする分析方法。

[注14] シナリオ分析

　選択された事業に纏わる不確実性（リスク）要因に対処するための分析手法で、その事業を実行に移したときのシナリオとして、ダウンサイド（悲観的）やアップサイド（楽観的）に振れた場合の収益や投資の変化を定量的に予測し、事前に財務あるいは経営資源の問題に対する検討や準備を行う。

２−６．企業および事業戦略を実現するための 機能戦略、そして技術戦略

　研究開発戦略、生産戦略、販売戦略、購買戦略、財務戦略など、企業戦略および事業戦略を実現させるための諸施策を機能別に落とし込み、機能別の視点から各戦略を策定する。戦略策定のステップは基本的に企業戦略や事業戦略と同じである。各機能戦略を実行するために必要な経営資源の配分は企業戦略で決定されるが、各機能戦略の策定は事業部門と綿密な連携を取りながら進められる。

　経営戦略を立案する過程で判明した戦略的技術課題(**表２−４**参照)に対処するために技術戦略(機能戦略に属する)が立案され、その中に含まれる戦略としては、研究開発戦略、生産戦略、全社各部に必要な情報技術戦略などが挙げられる。この中で、生産戦略とは、主に企業(全社)および事業戦略から導かれた生産拡大に伴う生産基地(国内外を問わない)の選定や新プラント建設計画、既存設備の増設・廃棄・更新計画などが立案され、生産技術の改良や新規生産技術の開発などは通常、研究開発戦略で扱われる。従って、技術戦略の立案・策定によって明らかにされる主な行動計画は以下のような計画から構成される。

1．情報化技術の整備・拡大・導入計画
2．設備(研究開発・生産・物流など)投資計画
3．研究開発計画
4．技術提携・供与・導入計画
5．研究者・技術者採用・配置・人材育成計画

　また、これまで述べてきたように、経営戦略から技術戦略が立案されるが、基盤技術がしっかりとした技術志向が非常に強い企業では技術戦略に

第２章　研究開発テーマの選択と決定

沿って企業戦略、そして事業戦略が策定されることもある。いずれの場合でも事業部門や技術部門の一方的な主張による弊害（技術部門の主張が強いことによる市場動向の読み違い、事業部門の主張が強いことによる新事業や次世代事業創出に必要な技術開発の必要性の見落としなど）を回避するために両部門が一体となって立案されることが多い。

　上記のように研究開発に焦点を当てた技術戦略は、経営戦略の立案・策定で機能戦略の一つである研究開発戦略（**図２－３**参照）に相当するが、技術戦略および研究開発戦略の立案・策定する意義には大きく以下の三つのことが挙げられる。

1. 企業戦略および事業戦略と整合性を保ち戦略技術領域と取り組むべき重要技術を明確にすることによって全ての技術に関する活動や研究開発活動の方向性を一致させること
2. 技術課題の重要性を客観的且つ公正に判断し、経営資源の適切な配分を可能ならしめること
3. 研究者・技術者に対して、戦略技術領域、取り組むべき重要技術の優先順位と明確な達成目標を経営トップの意志として浸透させること

　従って、技術戦略および研究開発戦略は、経営者にとって、明確にされた戦略技術領域と取り組むべき個々の重要技術を客観的且つ公正に判断し、投資効果を最大にする適切な資源配分を行う拠りどころとなり、一方、研究者・技術者にとっては、技術に対する価値観を共有するための経営層からの強いメッセージとなり、彼等の技術に対するモチベーションの向上に大きな役割を果たすことになる。

【表2-4】バリューチェーンにおける戦略的技術課題の事例

バリューチェーン		戦略的技術課題
支援活動	全般管理	管理に関する情報技術（例：ナレッジマネジメント、知的財産管理、CIM）の導入
	人事・労務	研究者・技術者の採用と適性配置、教育・育成プログラム
	技術開発活動	研究開発とマネジメント、技術提携・供与・導入、研究設備・分析機器・ベンチ・パイロット設備投資計画
	調達活動	
主活動	購買物流	SCMなどの情報技術の導入
	製造	生産技術・管理技術、設備投資計画、設備保守・点検技術、ISO認証取得、品質管理技術、防災・安全・環境技術とアセスメント、SCM／PDM／MES／AI／IoTなどの情報技術の導入、RC
	出荷物流	SCMなどの情報技術の導入
	販売・市場開発	SCM／CRMなどの情報技術の導入
	サービス	CRMなどの情報技術の導入

表中の略語の意味

CIM（Computer Integrated Manufacturing）：コンピュータによる生産・在庫管理手法
SCM（Supply Chain Management）：調達・生産・販売・物流など供給連鎖の管理手法
PDM（Product Data Management）：製品データ管理
MES（Manufacturing Execution System）：製造実施システム
RC（Responsible Care）：化学物質の開発から廃棄まで全範囲に係る全社自主管理活動
AI（Artificial Intelligence）：人工知能
IoT（Internet of Things）：モノのインターネット
CRM（Customer Relation Management）：顧客関係管理
ISO（International Organization for Standardization）：国際標準化機構

2-7. 研究開発戦略立案の概要

　上述の技術戦略の中でも核となる戦略であり、企業戦略および事業戦略で選択された事業ドメインにおける目標を達成するための実行画が明らかにされる。研究開発戦略策定プロセスの概要を**図2-11**に示す。**図2-11**における各戦略技術領域とその領域における重要技術は、企業および事業戦略で打ち出された事業ドメインを念頭に置きながら技術の視点から外部環境分析と内部環境分析を実施し得られた情報の総合的な分析結果か

第2章　研究開発テーマの選択と決定

ら明確にされる。対象となる主な分析項目を下記に示す。

分析項目

1．外部環境分析　　①　選択された事業ドメインに関連する市場
　　　　　　　　　　　　　動向分析
　　　　　　　　　　②　①に関わる有望技術情報の収集と競争分
　　　　　　　　　　　　　析

2．内部環境分析　　①　保有する自社技術資源の分析
　　　　　　　　　　②　選択された事業ドメインに直結する保有
　　　　　　　　　　　　　技術の「強み」と「弱み」の分析
　　　　　　　　　　③　事業性評価基準の設定

　夫々の分析項目の具体的な分析について幾つかのフレームワークを取り
上げるが、詳細については専門書を参照されたい。既述の企業戦略立案に
利用したSWOTをはじめとするフレームワークも技術を視点におけば有
効である。特に、上記の1-②では、業界や進歩の度合いなどに関係なく
全てのキーテクノロジーや要素技術を抽出し（萌芽的な科学技術情報が、
将来のキーテクノロジーや要素技術に発展する場合もある）利用できそう
な技術を識別することであり、主要な技術について将来の変化を予測する
ために、技術マップ[注15]や技術ロードマップ[注16]を作成するのも有効
である。また、2-①および②では、自社が保有する技術を棚卸（2-8.項
参照）し、技術ポートフォリオ分析することによって自社技術の「強み」
と「弱み」を明らかにすることが可能である。2-③の事業性評価基準の
設定は研究開発戦略を立案する上でも非常に重要であり、事業性評価は、
市場魅力度（市場性、技術優位性、競合性）と企業適合度（社内資源の活用、
強み発揮度、経営方針との整合性）が評価軸となる。各評価指標は客観的

40

且つ公平性であらねばならない。

[注15] **技術マップ**

製品・事業部毎に全ての要素技術を書き出したマップで目指す技術分野の構造を明らかにし、今後の重要技術を絞り込むのに利用される。

[注16] **技術ロードマップ**

未来予測手法（最も実用的な＜構造変化インパクト分析手法[注17]＞がよく用いられる）による有望市場予測を行い、有望市場でのニーズの機能に応じた全ての技術（新規技術、保有技術）を洗い出し、時間軸で技術開発目標と事業化目標を示したマップ。技術ロードマップを作成することにより、将来の技術の拡大や、体系から外れている技術やその技術の組み合わせによる「ハイブリッド技術の応用」などを知ることができる。技術ロードマップは国レベルや民間企業レベルなどで広く使用されている。

[注17] **構造変化インパクト分析手法**

マクロ構造変化の相互作用から、将来の可能性を洞察。各要因間の因果関係図から要因相互のプラス、マイナスの影響をマトリックス分析し、これらに基づいて可能性のある将来シナリオを記述していく方法。

第2章　研究開発テーマの選択と決定

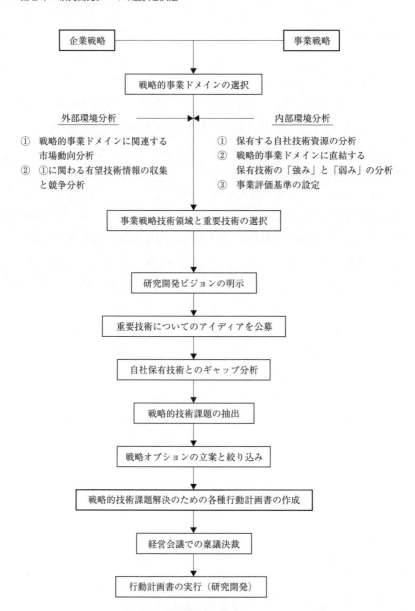

【図2-11】研究開発戦略策定プロセスの概要

2－7．研究開発戦略立案の概要

即ちこの研究開発戦略では以下のような計画書が立案・設定される。

・研究開発テーマおよび実施計画書　・研究開発における設備投資計画
　　　　　　　　　　　　　　　　　　　書
・研究開発要員配置計画書　　　　　・研究開発に関わる技術提携・導
　　　　　　　　　　　　　　　　　　　入計画書
・研究開発テーマ別予算計画書

　このように経営戦略をベースとして導かれる研究開発テーマと並行して全社に公募して採用される研究開発テーマがある。公募テーマの中には稀に経営戦略立案時には議論もされなかったユニークで将来性を秘めたテーマもあり慎重な審議が必要となる。提案される研究開発テーマは、決められた書式に従って研究開発計画書とともに技術企画室など担当部署に提出される。書式は、①提案テーマ名、②提案者と提出日付、③提案の目的、背景（提案テーマのコンセプト）、④目標とする製品や技術の内容と困難度、⑤目標に達するための開発プロセスの概要、⑥開発に要する投資額の概算、⑦標的市場と期待される売上規模（技術の場合は有用性）、⑧競合する製品、技術、企業名など、⑨開発スケジュール、⑩関連する特許および文献（添付資料）などの項目が記されている。

　公募される研究開発テーマは、事業部門、企画・研究開発部門、生産部門などでの日々の企業活動を通して生まれてくるが、それらのテーマが提案される要因（あるいは"きっかけ"）として、下記のように社内要因と社外要因に大別することができる。

　　　社内要因　・原料転換などによる生産コスト削減や品質改良・ク
　　　　　　　　　レーム処理などの緊急要請
　　　　　　　　・経営戦略などで取り上げられなかった新規事業あるい
　　　　　　　　　は既存事業拡大のための新技術・新製品開発などの発

43

第2章　研究開発テーマの選択と決定

　　　　　　　　想
　　　　　　　・課題解決のための蓄積された既存技術の利用や新技
　　　　　　　　術・新製品に関する情報を利用する閃き
　　社外要因　　・国内外の大学・国公立研究機関・協会・他社（顧客など）
　　　　　　　　からの打診・要請
　　　　　　　・市場や規制など外部環境の変化
　　　　　　　・競合他社からの刺激

　しかし、社内要因、社外要因の境界は非常に曖昧であり、両方の要因を
通して生まれてくるテーマも多くある。重要なことは、テーマを提案する
人の常日頃の心構えと真剣さであり、関連する情報を論理的に解析したり、
非公式な実験で確かめたりして確信を持って提案する場合と、ただの思い
つきで提案する場合とでは、テーマのいわゆる質の良さに大きな開きが生
じる。企業全体としてテーマが頻度高く出るか出ないかは、３M社のよう
な「15％ルール」を実行している企業文化や風土などに大きく依存すると
思われるが、企業によっては質の良いテーマをなるべく多く提案させるよ
ういろいろな仕組みが取り入れられている。例えば、アイディアバンクな
どのテーマ提案制度を設け、常時提案を受付登録するとか、また、提案に
対する報奨制度を制定している企業もある。
　このようにして、集められた研究開発テーマは、研究開発テーマ審査委
員会などと称する会議体で、経営戦略、技術戦略、研究開発戦略の策定プ
ロセスで明らかとなった外部および内部環境分析の結果をベースに、市場
および技術の視点から徹底的に議論され、テーマの実行から得られる成果
が予測され、テーマ選定基準に従って採用、不採用が決定される。通常、
このような委員会には上記特別チームの他、事業本部傘下の、事業企画室、
製品開発センター、研究開発本部傘下の研究開発センターから企画推進室、
関連する研究室、プロジェクト推進室、および知的財産センター、生産本
部傘下の生産技術開発センター、コーポレート部門の経営企画室や技術企

44

2-7. 研究開発戦略立案の概要

画室などから審議されるテーマによってリーダークラスの主要幹部が出席する。また、研究開発テーマは、このように日々の企業活動を通して生まれてくるが、企業の経営を担う役員の活動から生まれてくることも多々ある。これらのテーマは、経営層から提案されたということでそれなりの重みがあり、研究開発テーマ審査委員会などで議論するのが遠慮がちになるが、この場合でも、市場および技術の視点から徹底的に議論されねばならない。研究開発テーマが一人歩きし、テーマ審査委員会やテーマ選定会議で十分な審議もなく決裁されたために、後で大きな経営的損失を招くことがある。

　研究開発テーマ選定基準としては、各社独自の基準を決めているが、その一例として、商品（製品）開発テーマと技術開発テーマの選定基準[14]を以下に示す（**表2-5**参照）。

　審査委員会で選ばれた研究開発テーマについては、さらに、当該研究開発テーマを担うと予想されるリーダーを含む少人数のチームが編成され、テーマの技術戦略の立案時に使用された資料、即ち、内外の環境分析、技術マップ、技術ロードマップ、特許マップ、技術の獲得戦略（自社開発、共同開発、技術提携、ライセンスなど）などがレビュー、検証された後、研究開発効率のアップや成功へのKSF（成功要因）がより明確にされる。その結果を踏まえ、研究開発のシナリオが作成され必要に応じて提案された当初の研究開発計画書が修正される。このようにしてまとめられ絞り込まれた研究開発テーマは、担当役員（CTOの場合が多い）が出席する研究開発テーマ選定会議で審議され正式な研究開発テーマとして登録された後、技術戦略立案過程で選択された研究開発テーマと一緒、あるいは個別に経営会議の場で稟議決裁される。

　また、研究開発テーマへの資源配分であるが研究開発に投じられる経営資源として売上高の何％（最近は研究開発から得られるリターン＜収益＞の何％というような考え方に変わってきている）を当てるかについては、企業戦略、事業戦略、そして技術戦略の立案の過程で議論され決定される。

第2章　研究開発テーマの選択と決定

研究開発に必要な経営資源としては、研究者の人件費と活動に必要な諸経費、研究開発を実行するための機器・設備費、原材料費などがある。よく見落とされるのが機器・設備費の中に、ベンチスケールの設備費やパイロットプラントの設備費である。研究開発に投資する経営資源の中で、もっとも戦略的に重要視されるのが投資額の約半分を占める（経験的に）人件費である。研究開発テーマを研究開発の期間によって、短期テーマ、中期テーマ、長期テーマに区分し、それぞれのテーマにかける人件費（研究者の人数）の総額を戦略的に決める場合がある。経営戦略で、既存の事業構造の変革や新規事業の創出にかなりの経営資源を投入することが謳われているのであれば、ハイリスク・ハイリターンの長期テーマの数も多くなり、人件費も増加してくる。また、長期テーマだからとりあえず少人数の研究者を配置すれば良いということにはならない。長期テーマといえども短期間で技術的な第一段階の開発目標（一里塚、マイルストーン）をクリアして特許を出願し、その継続の可否を判断するという戦略も考えられる。

　研究開発テーマについて社長が出席する経営会議で稟議決裁を受ける判断基準となる主要な事項を以下に記す。

1．その研究開発テーマが、企業戦略、事業戦略、技術戦略、研究開発戦略と整合性を有しているかどうか。

　　この判断をする場合、研究開発で期待通りの成果が得られ、新製品が市場投入され、企業戦略で目標とした年に目標とした売上高が達成できるような研究開発計画書になっているのかどうか厳しくチェックされる。研究開発計画書では往々にして市場開拓にかかる期間が見落とされているケースが多い。

2．限られた経営資源の中で、研究開発を実行する優先順位に妥当性があるのかどうか。

　　経営戦略と技術戦略の間で時間軸に「ずれ」のないことが本来の姿であるが、研究開発での成果の不確実性から往々にしてこの「ずれ」

が生じる。

3. 既存事業構造の変革や新規事業の創出など企業の発展に大きく貢献する中長期的なテーマが存在しているかどうか。

　上記1.にも関係するが、企業の競争力優位性の維持・発展は、研究開発テーマの選択とその成果にかかっており、技術戦略および研究開発戦略策定過程で決裁された研究開発テーマおよび研究開発テーマ選定会議で正式な研究開発テーマとして登録された公募テーマの中には、短期的なテーマだけではなく、既存事業構造の変革や新規事業の創出など企業の発展に大きく貢献する中長期的なテーマが入っていなければならない。そのような研究開発テーマは、潜在的なニーズに対応しそのニーズが3年から5年先に顕在化するようなテーマであり、そのテーマの選択に当たっては企業が関わる産業や事業領域の未来をしっかりと予測する企業の総合力が必要になる。

第2章　研究開発テーマの選択と決定

【表2－5】商品（製品）開発テーマと技術開発テーマ選定の基準

商品開発テーマの選定基準例

評価項目		評　価　内　容	ウエイト	評価基準（点数）			
				7点	5点	3点	1点
戦　　略	1	全社経営戦略及び事業ドメインとの整合性					
	2	関連事業戦略との整合性					
期待効果	3	想定される事業規模（億円／年）					
	4	開発成功の見通し（想定時間内での）					
	5	事業面でのシナジー効果（億円／月）					
	6	技術面でのシナジー効果（技術の重要度）					
投入資源	7	研究開発投資額（含人件費、億円）					
推進体制	8	関連事業部（門）の熱意					
	9	開発技術強化策の具体性					
開発状況	10	技術の難易度					
	11	競合状況					
	12	障害となる可能性がある特許の存在					
	13	緊急性					

技術開発テーマの選定基準例

評価項目		評　価　内　容	ウエイト	評価基準（点数）			
				7点	5点	3点	1点
戦　　略	1	全社技術戦略との整合性					
期待効果	2	技術面での社内シナジー効果					
	3	技術のオリジナリティー					
	4	技術の先進性					
	5	開発技術の内容					
投入資源	6	研究開発投資額（含人件費、億円）					
開発状況	7	ターゲットアプリケーションのイメージ					
	8	技術の成熟度					

資料：古田健二『テクノロジーマネジメントの考え方・すすめ方』（2001年）

（1）研究開発戦略における企業戦略技術領域と事業戦略技術領域

既に述べたように、技術戦略は、技術の視点から企業活動全体をカバーする戦略の一つであり、技術戦略で取り扱う技術領域は、企業（全社）戦略に基づいた全社を貫く"全社（コーポレート）戦略技術領域"と、個々の事業戦略に基づいた"事業戦略技術領域"の二つの戦略技術領域を明確にする必要がある。従って、技術戦略に基づいた研究開発戦略にも企業戦略技術領域と事業戦略技術領域の二つの戦略レベルがある。これらの戦略技術領域は以下のような企業および事業戦略で設定された事業ドメインに対応している（図２－１２参照）。

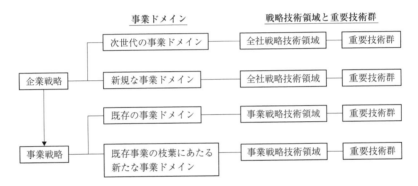

【図２－１２】企業・事業戦略から導かれる事業ドメイン、戦略技術領域と研究開発テーマの関係

　　全社戦略技術領域：企業戦略で打ち出された次世代の事業ドメイン創出を追求する全社共通としての戦略技術領域とその領域における重要技術、また、事業戦略では採用されなかった新規な事業ドメインの確立に必要となる戦略技術領域とその領域における重要技術

　　事業戦略技術領域：事業戦略で打ち出された既存の事業ドメインの維

第2章　研究開発テーマの選択と決定

　　　　　　　　　　　持・強化(コストダウン、品質改善など)および既
　　　　　　　　　　　存の事業の枝葉にあたる新たな事業ドメインの確
　　　　　　　　　　　立に必要となる戦略技術領域とその領域における
　　　　　　　　　　　重要技術

　後述するように技術戦略では、内部および外部環境分析から戦略技術領
域とそこにおける重要技術が抽出されるが、特に研究開発戦略における全
社戦略技術領域の中には、事業ドメインと関係なく、全社的に深耕すべき
重要技術や先端的な分析解析・評価技術などが含まれる場合もある。

（2）選択された事業ドメインと研究開発テーマとの関係

　一般に研究開発は研究の目的や内容から以下のように四つに分類され
る。

　　基礎研究　　　　自然界の現象や法則を探求する科学的な研究
　　目的基礎研究　　新製品や新生産プロセスなどの開発を目的とした理論
　　　　　　　　　　的・実験的研究
　　応用研究　　　　基礎研究および目的基礎研究によって得られた知見を
　　　　　　　　　　利用して特定の製品の実用化の可能性を確かめるため
　　　　　　　　　　に行う要素技術や生産プロセス技術に関する研究、品
　　　　　　　　　　質改良やコストダウンを目的とする生産技術の研究
　　開発研究　　　　応用研究から得られた技術を組み合わせ、新製品をパ
　　　　　　　　　　イロット段階から工業的生産規模を経て商品化に至ら
　　　　　　　　　　しめる実用化研究

　企業における研究開発は、大規模な企業では基礎研究部門を有している
が、ほとんどの企業では主に、目的基礎研究、応用研究、開発研究が行わ
れ、基礎研究(時には目的基礎研究)は大学や公的研究機関などと提携して

2-7. 研究開発戦略立案の概要

進められるケースが多い。化学産業では、大規模な企業や多くの医薬メーカーなどが基礎研究部門を有している。

　一方、研究開発テーマの種類としては、製品を創出するための技術を開発する「研究テーマ」と市場(事業)を創出するための製品を開発する「開発テーマ」に大別され、さらに「研究テーマ」を製品(現製品と新製品)と技術(現有技術と新技術)の軸で4種類に、「開発テーマ」を製品(現製品と新製品)と市場(現市場と新市場)の軸で4種類に、計8種類のテーマに分類することができる。新技術の開発から新製品を創出する「研究テーマ」では、基礎研究や目的基礎研究が主体となり、新製品で新市場を創出する「開発テーマ」では、商品化のための応用研究や開発研究が主体となる。また、研究開発に要する期間から短期テーマ、中期テーマ、長期テーマのように分類され、さらに研究開発費負担部門の観点からコーポレート(全社)テーマ(主として中長期テーマを取り上げる)と事業部テーマ(主として短期テーマを取り上げる)に大別されることもある(時にはコーポレートと事業部門が共同負担して進められる研究開発テーマもある)。ここで、企

【表2-6】選択された事業ドメインと研究開発テーマとの関係

企業および事業戦略から選択された事業ドメイン	戦略技術領域における要素技術の研究開発	研究開発テーマの内容・目的・(分類)
(全社共通)	基礎研究、目的基礎研究	コアテクノロジーの深耕、分析解析・評価技術の強化(コーポレートテーマ)
次世代事業ドメイン	基礎研究、目的基礎研究、開発研究	次世代製品・製造プロセスの創造(コーポレートテーマ)
新規な事業ドメイン	目的基礎研究、応用研究、開発研究	新規な製品・製造プロセスの創造(コーポレートテーマ)
既存の事業ドメイン	応用研究、開発研究	安定操業、コストダウン、品質改良、機能付加など(事業部テーマ)
既存事業の枝葉にある新たな事業ドメイン	目的基礎研究、応用研究、開発研究	既存商品の枝葉にある新たな製品(事業部テーマ)

51

第2章　研究開発テーマの選択と決定

業戦略および事業戦略から選択された事業ドメイン、それら事業ドメイン
を具現化するための研究開発、研究開発テーマとの概括的な関係を**表2−
6**に示した。

2−8．重要な保有技術の棚卸（技術系譜）

　上述のような研究開発テーマについて公募テーマからの絞り込みや経営
戦略をベースとする決定方法のいずれにおいても、現在企業が保有する自
社開発技術および外部からの導入技術を時系列的に詳細に整理、解析し、
保有技術の棚卸（技術系譜）をしてみることが非常に重要である。企業の創
立当時の事業を維持、拡大し、その上に幾つかの新しい事業を創造し、維
持、拡大して今日の業容に至る過程で、既存の事業を支え、また新たな事
業を創造する原動力なった様々な技術が存在する。もちろん、市場の予測
不可能な変化や、手持ち技術の劣化、あるいは強力な競合他社の出現など
で競争力を失い、衰退した、あるいは既に消え去った事業もあるであろう。
また、鋭意研究開発に取り組んだが事業に至らず、技術だけ（復活、活用
されることもしばしばある）が残ったケースもあるであろう。このような
蓄積されてきた技術を要素技術に分解し、同じカテゴリーにある要素技術
を束ねて技術プラットフォーム（TPF：Technology Platform；技術基盤
とも称される）として纏めていくと、現有事業を支える源泉としてのコア
テクノロジー（Core Technology）が浮き彫りにされてくる。コアテクノロ
ジーは単独、あるいは幾つかの鍵となる要素技術（キーテクノロジー [注18]：
Key Technology）の集合体として捉えることもできる。コアテクノロジー
は企業にとって差別化の源泉となり、企業の競争力の優位性を確保するた
めの命となる技術である。従って、必然的に研究開発テーマを選択・決定
する際にできるだけコアテクノロジーを利用、あるいはその領域ないし延
長線上にある技術が応用可能なテーマが選択される。全くかけ離れた技術
領域が研究開発の対象になる場合は、M＆Aなどによる戦略的技術の獲得

2-8. 重要な保有技術の棚卸（技術系譜）

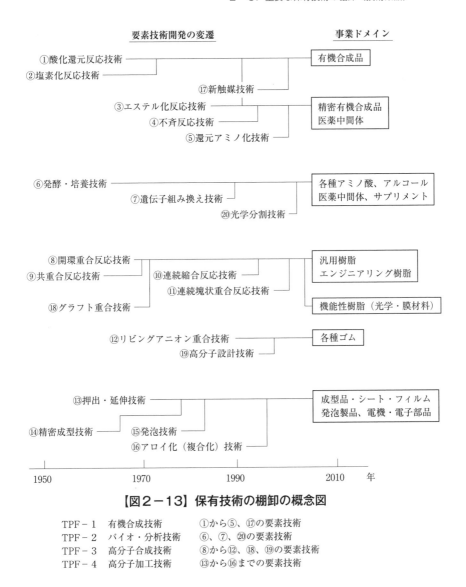

【図2-13】保有技術の棚卸の概念図

TPF-1　有機合成技術　　　　①から⑤、⑰の要素技術
TPF-2　バイオ・分析技術　　⑥、⑦、⑳の要素技術
TPF-3　高分子合成技術　　　⑧から⑫、⑱、⑲の要素技術
TPF-4　高分子加工技術　　　⑬から⑯までの要素技術

第2章　研究開発テーマの選択と決定

やオープンイノベーション[注19]と称される他社あるいは官学との連携が検討される。この作業は、技術企画部門（前述）、研究開発部門、各事業部の技術担当部門、生産技術部門などから選出された特別チームによって進められる場合が多いが、いわば過去の「技術ロードマップ」作りであり、このマップを通して得られる情報は、技術戦略の立案にとってなくてはならない非常に重要な情報となる。一例としてこの作業の概念を図2−13に示した。実際には要素技術の種類も数ももっと多く相互に入り組んだ複雑な図となってくる。

[注18] **キーテクノロジー（Key Technology）**

　キーテクノロジーという言葉は、技術経営論でよく使われるが、キーテクノロジーは次の四つの条件を満たす技術と言われる。
　①それ自体が持続力のある競争優位をつくり出す
　②コストや特異性要因（例えば差別化）を自社に有利な方向に動かす
　③先発者としての優位をもたらす
　④業界全体の構造を改善する
　この他に、ペーシングテクノロジー（Pacing Technology）とベーステクノロジー（Base Technology）の二つがある。ペーシングテクノロジーは、競争に与える影響は大きいがまだ普及していない技術、ベーステクノロジーは、キーテクノロジーが発展しもはや独占的でなく広い市場で使われるようになった技術のことである。キーテクノロジーを保有する企業は、リスクマネジメントの観点から、ペーシングテクノロジーを常にモニターし、必要に応じてそれを獲得するための投資決定をすることが求められる。

[注19] **オープンイノベーション（Open Innovation）**

　2003年にハーバードビジネススクールのチェスブロウ准教授（当時）によって提唱された概念[15]で、イノベーションを起こすために企業内の資源のみに頼るのではなく他企業や大学、公的研究機関などとの連携を深め、

2−8. 重要な保有技術の棚卸（技術系譜）

大幅な研究開発のリスク軽減と期間の短縮を目的とする。技術の独自性が損なわれる危険性がある一方、相互に触発されて革新的な技術を生み出す可能性もある。オープンイノベーションを全社的な経営課題として取り組んでいる例として、P＆G社（米）は製品のライフサイクルの短期化などへの対応として、2000年以降、新製品開発における外部の技術・アイディアの取り込みを推進している。具体的には、担当役員や設置して、社外の研究者・サプライヤーなどとネットワークを構築、社外技術の調査を行う専門職員を事業部門外に設置、社外に存在する補完的技術または保有企業そのものを買収する部署を創設、自社ウェブサイト「コネクト＋デベロップ」で製品開発上の技術ニーズを公開し広く技術シーズを募集、などが行われている。

第3章
研究開発テーマの実行におけるマネジメント

3－1. 戦略体系での技術戦略および研究開発戦略策定プロセスの位置付けと評価サイクル

　これまで述べてきたように、特に「ものづくり」企業にとって、企業戦略、事業戦略、技術戦略(中でも研究開発戦略)は基本となる重要戦略であるが、各戦略を実行する過程で、企業戦略、事業戦略については、短中期の視点では1年から3年の評価サイクルで、長期の視点では5年程度の評価サイクルでそれら戦略の見直しが行われるのが一般的であった。しかし、近年になって頻繁に起こる急激な市場の変化と技術進歩の早さなどから評価サイクルは大幅に短縮されていく傾向にある。一方、技術戦略については、技術戦略策定で得られた行動計画書に基づいて実行される研究開発の結果が通常一年毎に評価され、評価結果が経営レベルにまでフィードバックされ各戦略の見直しが行われる。企業の戦略体系における技術戦略および研究開発戦略の策定プロセスの位置付けと評価サイクルを**図3－1**に示す。各々の研究開発テーマについての実行結果の評価については年1回程度の頻度で経営会議などの場で審議され、テーマの続行、撤退、予算の増額、減額などが決められる。特に企業にとって企業価値創造に大きなイン

第3章　研究開発テーマの実行におけるマネジメント

パクトを内包するハイリスク・ハイリターンのテーマについての評価は議論の限りを尽くして慎重に行わねばならない。短期的な観点から撤退を決断したために後発の競合他社に新市場を奪われることもある。企業の将来性を決断する最高経営責任者（CEO：Chief Executive Officer）と最高技術責任者（CTO：Chief Technology Officer）の責任は重大である。

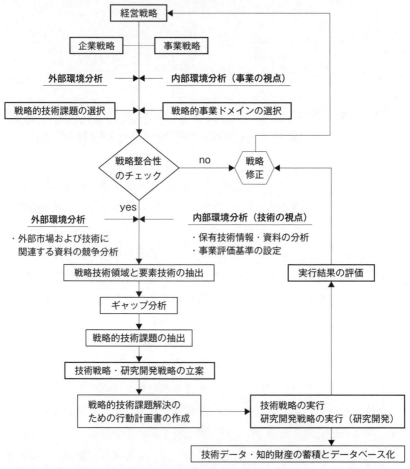

【図3－1】技術戦略および研究開発戦略策定プロセスの位置付けと評価サイクル

３−２. 進捗度管理とステージゲートモデル

　新技術を開発し新製品を創出することによって新規事業の創生を目標とする研究開発テーマの場合、経営課題としての重要度が高く、技術開発および製品開発における総合力を結集する目的から全社的なプロジェクトチームが編成されることが多い。このようなプロジェクトチームでは、新製品開発プロセスのどの段階にいるかが常に認識され、その段階に起こすべきアクションの機会や選択肢を適切に判断していくことが求められる。このように基本的には図３−１を意識しながら研究開発の全体を進捗の度合いの段階（フェーズ）に分け、各段階で審査を行い、基準を満たせば次の段階に進むようにプロジェクトを管理していくPPP（段階的プロジェクト計画法：Phase Project Planning）という管理手法がある。その代表的なモデルの一つとしてしばしば企業において採用されるステージゲートモデル（Stage-Gate Model）がある。この管理手法は、上述のような全社プロジェクト以外の研究開発テーマについても適用されることが多い。

　これは新製品や技術開発プロセスを研究開発テーマの提案から実際の事業化に至るまでの過程をステージ（段階）とゲート（門）に分けて示し、各段階とゲートの対応関係を示しているのがこのモデルの特徴である。これまでに名付けられたゲート（門）には、「魔の川：River of Devil」[16]や「死の谷：Valley of Death」、「ダーウィンの海：The Darwinian Sea」などがあるが、化学産業において理解しやすいように定義すると、基礎的な研究開発において成果があがっても、それを実用化に耐える技術として確立するまでにフラスコスケールからベンチスケールに至る「魔の川」、ベンチスケールからパイロットスケールに至る「死の谷」があり、多くの研究成果が「魔の川」や「死の谷」に落ち込み、堆積される。そして、実用化された技術から新たな事業の芽が生まれたとしても、その事業が実際に採算に合う事業に進化するまでに「ダーウィンの海」、即ち、恐ろしいサメなどの外敵（競

第3章　研究開発テーマの実行におけるマネジメント

合他社）や荒れ狂う嵐（技術的困難や事業リスク）を乗り越えていかねばならない、ということを表している。「死の谷」を何とか渡りきった新たな事業の芽（パイロット設備で製造された製品の市場開発）を抱えて、まさしく荒れ狂う第一段階目の「ダーウィンの海」を乗り越えていく使命を担っているのである。経済産業省の調査（2000年）では、製造企業の約8割が、研究成果を実用化できずに「魔の川」や「死の谷」に眠らせているとしており、それらの成果を実用化させるために支援をする制度を創設している。いずれにせよ、研究開発から実際の事業を創出する確率は小さい（第5章参照）。それでも研究開発に携わる研究者や技術者は、企業の存続と発展のために新技術、新事業創出に向かって辛抱強く果敢に挑戦していかねばならない。それは研究者や技術者に課せられた使命であり自己実現のためでもある。各ゲートでは予め完了のための評価基準を決めておき、次のステージに進むために、継続（Go）、打切り（Kill）、現状維持（Hold）、見直し（Review）といった判断が下される。ステージの区分は研究開発テーマによって異なるが、新技術を開発し新製品・新事業を創出するという研究開発テーマの一般的な例を以下に示す。特に、ステージ Ⅲからステージ Ⅳに移行するゲート（3）での判断は、ステージ Ⅳが、パイロットプラントを建設し、このプラントでの実証試験と試験製造を行い、試験製品の本格的市場開発という段階になり、一気に相当な資源を投入することになるため、ステージ Ⅲまでに得られた技術的なデータと市場（あるいは顧客）のニーズが変わっていないことを検証し、初期段階のFS（Feasibility Study：事業化可能性についての検証）を行うなど、慎重な経営的判断が求められる。通常、パイロットプラントは新規に建設される場合と多目的パイロットプラントとして常設されている場合があるが、減圧から高圧あるいは低温から高温に対応した合成反応装置、蒸留・抽出などの分離・精製装置など、単位操作毎にモジュール化されたパイロットスケールの装置を備えた多目的パイロットプラントを共通設備として保有することが望ましい。さらに、ステージ Ⅳからステージ Ⅴに移行するためのゲート（4）

60

3－2. 進捗度管理とステージゲートモデル

では、ステージⅤで本設備の建設という最大の投資が必要となるために、繰り返しFSを行い、投資した資金の回収期間が新規投資決裁規程に合致しているとの確認、市場(あるいは顧客)のニーズが変わらず本製造建設完了後(本製設備建設に最低2年はかかる)も計画通りの売上高が見込めるとの確証めいたものが必要となる。往々にして本製造設備建設期間の間に市場や顧客のニーズが変わり、大きな損失を被ることがあるのでゲート(4)の経営的判断には細心の注意が必要である。ステージⅥは、研究開発から本製造設備の建設までに費やした全ての投資資金を回収し、その上に営業収益がコンスタントに得られる段階、即ち、本格的な事業化段階を示し、新事業の創出が達成されたこと(この状態を産業化と呼称されることもある)になる。ゲート(4)および(5)は、いずれもいわゆる「ダーウィンの海」に相当するが、どちらかと言えばゲート(4)の方がより荒れ狂う「ダーウィンの海」となるケースが多い。

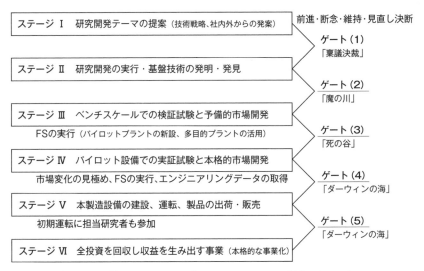

【図3－2】新製品開発プロセス－ステージゲートモデル

第3章　研究開発テーマの実行におけるマネジメント

３－３. ビーカースケールからベンチスケールへ
　　　－魔の川を越える

●魔の川を乗り越えるためのKSF

　研究開発を実行するに当たって、先ず研究開発者あるいはそのグループが行うべきことは与えられた研究開発テーマと企業戦略や技術戦略の関係を十分理解し企業が追求する目標（新技術や新製品、ビジネスモデルや新規事業など）を共有することが何よりも重要である。そして、戦略立案に使用された情報、資料を徹底的にレビューすることに時間を割く一方で研究開発のスピードを上げるために近年目覚ましい進歩を遂げつつある計算機化学[注1]、コンビナトリアルケミストリー法[注2]、マイクロリアクター[注3]、マテリアルズ・インフォマティクス[注4]、そして先端的な分析機器・手法などの適用についても検討することが重要である。その上で時間軸を重要視した推進スケジュール管理表を作成するのが常套である。ここで魔の川を越えるためのKSFについて考察するが、KSFは具体的には研究開発者自身による知識の創造（ナレッジクリエーション）が起点になると思われ、それがどのような要因が重なったときに生まれ、そして創造された知識を利用してどのような過程を経て新技術の発明や新規事業創出に繋がるのであろうか（図３－３参照）。研究開発者が有している知識は、①大学など高等教育機関で学んだ専門知識（科学と技術）、②入社以来学び習得した企業固有の技術（企業の技術水脈、コアテクノロジーと事業の発展・拡大の因果関係、図２－12参照）に関する知識、③企業の経営・技術・研究開発戦略についての知識、④国内外の既存事業の市場や競合相手に関する知識、⑤市場（顧客）ニーズの動向や社会の変化についての知識、⑥国内外の専門誌、大学、学会や公的研究機関、そして同じ専門仲間、恩師などを通して得られた知識、などがある。強弱はあれ研究開発テーマの選定時あるいは研究開発実行中に何かの"きっかけ"や"ひらめき"（当事者の情熱と執念が大切）

62

でこれらの知識のいくつかが結合（セレンディピティ[注5]と呼んでもよい）し新たな知識創造（Knowledge Creation）が達成される、と思われる。恐らく新技術の発明には②と⑥が、新規事業の創出には②と⑥の上に④および⑤の知識の結合が欠かせないだろう。しばしばイノベーションには異能な人材の掘り起こしと活用が重要だと言われている[17]が、このように、一般的な研究開発者に如何に上述の如き知識獲得の機会を得させるか（また、自ら得るか）が人材育成の要となる。

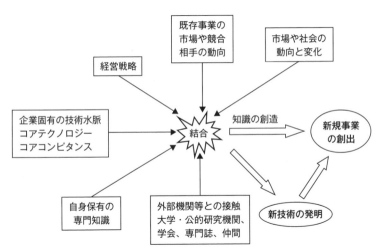

【図３－３】知識の創造と新技術の発明、新規事業の創出

第3章　研究開発テーマの実行におけるマネジメント

[注1] **計算機化学（Computer Chemistry）**

　コンピュータを使って、分子やその物性、合成法などの化学に関する問題を解決する方法で分子設計や材料設計などに応用される。

[注2] **コンビナトリアルケミストリー法（Combinatorial Chemistry）**

　ナノ技術の一つで、組み合わせの概念に基づいて、化合物誘導体群（ケミカルライブラリー、化合物ライブラリー）を作り出すことが可能な合成技術と方法で材料開発の高効率化のための革新的な技術である。また、物質の合成技術のうち、最もシステマティックな手法と言われている。

[注3] **マイクロリアクター**

　直径数μm〜数百μmのマイクロ空間内の現象を利用した化学反応・物質生産のための混合・反応・分離などの単位操作の集積化システム。

[注4] **マテリアルズ・インフォマティクス**

　高精度に計算した材料データベースや人工知能などを活用して新材料や代替材料を効率的に探索する取り組み。

[注5] **セレンディピティ（Serendipity）**

　何かを必死に考え探しているときに、探しているものとは別の価値があることを偶然に見つけることを意味し、「遇察力」と訳されることもある。自然科学においては、失敗してもそこから価値ある貴重な原理や事実を見落とさずそれが成功に導く鍵となるという、一種のサクセスストーリーとして、また科学的な大発見を身近なものとして説明するためのエピソードの一つとして語られることが多い。セレンディピティによって大発見に繋がった事例は数多く挙げられているが、近年では、フラーレン（C60）の発見（1985年）、高分子質量分析法（MALDI法）の発見（1991年）などがある。

●知的財産(特許)戦略の重要性

　企業活動の中で、知的創造活動が最も盛んな部門は研究開発の実行部門であろう。その創造者に知的財産基本法という法律によって一定期間の権利保護を与えるようにしたのが知的財産権制度である。知的財産権制度がそもそも目指すところは、知的創造者に法律によって一定期間の権利保護を与えることによって新しいものを創造しようという意欲を活性化させ、知的創造の成果を人類共通の資産として蓄積し、将来にわたって人間社会に豊かな生活をもたらすことにある。**図3-2**に示される各ステージにおいて知的財産に関わる調査や申請・獲得は競争優位の観点から戦略的に常に考慮されねばならないが、特に初めて研究開発が実行されるステージⅡにおいては、新規な技術や製品の芽が創出される度毎に将来のビジネスモデルや市場参入領域・地域などグローバルな視点から特許出願などの可能性を検討し適切且つ迅速な諸策を講じていかねばならない。

　図3-4に示されるように、知的財産権[18]には大きく分けて、知的創作物についての権利と営業標識についての権利の二つの権利があるが、研究開発の実行部門に従事する研究者は、少なくともこれら権利の中で、産業財産権と呼ばれる四つの権利、即ち、特許権、実用新案権、意匠権、商標権について良く理解しておかねばならない。製造企業に入社すれば、必ず知的財産権について社内あるいは社外研修を何回か受けることになるが、特に特許権については自らが創造者(発明者)になる(ならねばならない)ので積極的に自己研鑽が必須である。特許上の発明とは何か、国内外の特許情報の調査・解析はどのようにして行い何がわかるのか、できるだけ強い権利を主張するための特許出願はどのように行われるか、出願にはどのような書類が必要であるか、特許出願に関する社内の規程にはどのようなことが定められているのか、出願から登録までの流れはどうなっているか、外国出願から特許登録までの仕組みはどうなっているか、などといった事項について理解を深めることが大切である。

第3章　研究開発テーマの実行におけるマネジメント

知的財産（権）

知的創作物についての権利

特許権（特許法）
自然法則を利用した、新規性のある、産業上有用な
発明（ソフトウエアを含む）に対して出願の日から20
年間保護

実用新案権（実用新案法）
物品の形状・構造・組み合わせに関する考案（小発明）
に対して出願の日から10年間保護

意匠権（意匠法）
独創的で美的な概観を有する物品の形状・模様・色彩
のデザインに対して設定登録の日から20年間保護

著作権（著作権法）
独創性のある文芸、美術、音楽、ソフトウエアなどの
精神的作品を創作のときから作者の死後50年間保護

回路配置権（半導体集積回路の回路配置に関する法律）
半導体集積回路の回路素子や導線の配置パターンを
登録日から10年間保護

育成者権（種苗法）
農産物、林産物、水産物の生産のために栽培される
植物の新品種について登録日から20年間保護（樹木30年）

企業秘密（民法・刑法・不正競争防止法）
企業のノウハウや顧客リストの盗用などの不正行為を禁止

営業標識についての権利

商標権（商標法）
商品・役務に使用するマーク（文字・図形・記号など）
を設定登録の日から10年間保護（更新可能）

商号権（会社法・商法）
商人が取引上自己を表示するために用いる名称

不正競争防止法関連（不正競争防止法）
著名な未登録商標・商号の紛らわしい使用や、不適
切な地理的表示など禁止

・下線で示した四つの権利が産業財産権である

資料：特許庁『産業財産権標準テキスト－特許編－第8版2刷』（2014年）

【図3－4】知的財産（権）

また、蓄積された知的財産は企業価値を高めるための重要な経営資産であり、現有の知的財産を有効活用することによって競合他社の事業活動を狭め、排除することが可能であり、また、新規参入者の出現を阻止することもできる。一方、これから新たに獲得していくべき知的財産の戦略領域は、企業戦略や技術戦略に沿って定義され、その戦略領域において如何に知的財産を獲得しそれを活用していくかは新技術や新事業の創出にとって極めて重要である。このようにコーポレートテーマの場合は、新事業企画部門、研究開発部門および知財部門、そして事業部テーマの場合は、事業部門、研究開発部門および知財部門が三位一体[19]となってテーマ発生の時点から知的財産の獲得、活用を戦略的に行い企業の競争優位のポジションを維持・拡大させ、牽いては企業価値の創造を達成していく戦略を知的財産戦略と呼ぶ。全社の戦略における知的財産戦略の位置付けを図3－5に示す。

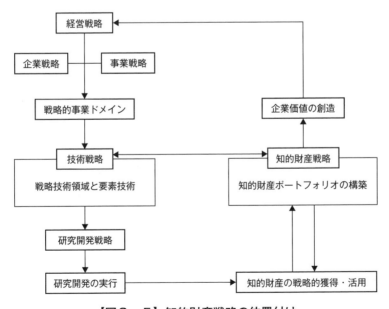

【図3－5】知的財産戦略の位置付け

第3章　研究開発テーマの実行におけるマネジメント

　知的財産戦略を立案する上で基本となる作業として、公開または登録された特許の件数や、それらの特許明細書に記載された技術領域や事業領域、あるいは権利範囲などを検討し、自社の保有技術や発明された技術と競合他社の技術との比較関係を明らかにする知的財産ポートフォリオの構築がある。そこでは、主に下記のような資料の作成や分析が行われる。

　1．パテント(特許)マップの作成

　マップの作成には得たい情報の目的(技術動向、自社や他社の技術資源、権利化された技術・用途範囲など)によって軸の選択が変わってくるが代表的な軸としては、自社あるいは競合他社の年度別出願件数、発明者と出願件数あるいは技術領域、技術領域と出願件数、技術とその応用(用途)範囲、技術とその権利範囲などがある。

　2．技術相関分析

　縦軸や横軸に技術領域や事業(製品)領域をとり、それぞれの塊を企業別に特許件数で表したもので、自社や競合他社の技術開発の動向について一目瞭然に俯瞰することができる。

　3．サイテーション分析

　AIなど情報技術の飛躍で発展した分析方法で、出願特許を引用・被引用している自社および他社特許の関連性が例えばIP(知財)ランドスケープとして明示され、将来の事業環境を予測して現在および将来の競合相手と自社保有特許の相対的な強みと弱み、買収候補の特許や戦略的パートナーの企業探索など、研究開発の初期段階から何を特許出願し何を社内ノウハウとして秘匿するかの意思決定に利用される。一方、革新的技術が出現した時期には特許化の期間が短くこの分析の目的にそぐわないこともある。

　4．トリアージュ分析

　トリアージュ(triage)は仏語で「選抜すること」を意味する。自社保有の特許で権利行使されていない特許をランク付けし、他社での使用(特許権利許諾)の可能性を分析する。

●生産技術グループに参加を求めるタイミングが重要

フラスコスケールで新規あるいは革新的な物質あるいは技術が発明されたとしても最終的にはそれを安全且つ経済的に大量生産する工業化技術の確立が伴わないと事業化に至らない。魔の川から死の谷を越えるためには生産技術グループのサポートが必須であるが、物質や技術が発明されたとしても従来の経験や知識では工業化技術の確立が非常に困難と判断された場合には躊躇なく生産技術グループのサポートあるいは協業を要請し魔の川を渡ることが肝要である。

3－4. ベンチスケールからパイロットスケールへ －死の谷を越える

●パイロットプラントの投資決定とPDCAサイクル

研究開発で基盤技術が確立し、ベンチスケール設備での検証も完了し、得られた少量の試験品に対する顧客の反応も良く、いよいよパイロットプラントでの実証試験が行われる段階に入ったと仮定しよう。使用するパイロットプラントが既存の多目的パイロットプラントでほぼ対応できる場合はそれ程問題ないが、新しく建設しなければならない場合、相当な費用がかかり研究開発活動で初めて遭遇する規模の大きい投資が始まることになり慎重な判断が求められる。進め方には以下の二つのケースがある。

1. パイロットプラント建設の投資リスク（市場の変化のリスクに連動）を回避するため、相手先と秘密保持契約書を締結し、グループ企業、あるいは小規模から中規模の合成を手がける委託専門会社や民間の研究機関を対象に、合成や生成物の分離・精製などの条件に適合するプラントを有し、市場開拓に必要な量が確保できるかどうか調査する。適切な委託先が見つかった場合、製品の価格（当然、目標とする価格より相当高い）の見積もりを取り、当初計画した市場開拓に充当する予算金額と比較し今後の進め方を決定する。

第3章　研究開発テーマの実行におけるマネジメント

2. ベンチスケール設備から得られた知見に基づいて、最も経済的な製造プロセスを設計し、秘密保持契約を締結してパイロットプラントの見積もりを機械メーカーに依頼する。この製造プロセスの設計には、例えば生産技術開発センターなどからのプロセス設計に秀でた研究者、技術者を交えて議論を進めていくことが大切である。パイロットプラントの規模（生産量）については、市場開拓を担当する事業部門とよく議論をして決定する。ここで重要なことは、パイロットプラントが建設され稼動するまでの期間が当初の全体の研究開発スケジュールにきちんと組み込まれているが、それにマッチしているかどうか確認することである。パイロットプラントといえども、正式な発注から建設完了までに1年から2年かかることを知っておかねばならない。

　最終的に1と2のケースのどちらかを選ぶか、その判断のポイントとして、①FS（Feasibility Study；事業化可能性の検証）に与える投資額、②市場（顧客）ニーズの確実性と緊急度、③本製造設備設計のためにパイロットプラントから得られるエンジニアリングデータの必要度、などが挙げられよう。1のケースで得られる製品で素早く市場開拓を始め、並行して2のケースの作業を進めておき、市場開拓の動向を見極めた上でパイロットプラントの正式発注をするのが投資リスク回避の観点からベストな進め方であると思われる。しかし、製造プロセスが非常にユニークでそこに競争優位性があるとすれば、1のケースはまずないであろうし、市場（顧客）ニーズの確実性が確認できれば迷わず2のケースを選択すべきである。

　ベンチスケール設備での検証試験およびパイロットプラントでの実証試験は、発明された基盤技術の工業化（事業化）を図る上で極めて重要な作業となる。解決すべき課題が連続して起こるかもしれない。それらの問題を解決するに当たってはPDCAサイクルをフルに回すことが必要である。即ち、解決の手段を計画し（Plan）、その計画を実行し（Do）、実行した結果

を確かめ（Check）、確かめた結果、修正のための行動を起こす（Action）。さらに問題が発生すれば次なる計画を立て（Plan）、実行し（Do）、その結果を検討し（Check）、新たな行動を起こす（Action）、この行動サイクルを確実に回すことによって、最も経済的で安全で操作性に優れた製造プロセスを見出すことができる。特にパイロットプラントでの実証試験は、研究開発センターあるいは製品開発センターと生産技術開発センターが一体となって行わなければならないし、競争力のある本製造設備を設計・建設・運転するためにできるだけ多くの情報を集積していくことが重要である。

●デジタルマーケティングの活用

　フラスコスケールからベンチスケールに進み、ある程度一定な物性や機能を有する新規物質が得られた場合、寸分違わず目標とする物質が得られる確率はそれ程大きくない。どの段階で想定される国内外の顧客にサンプル評価をお願いするかはケースバイケースで慎重を期するにしても、想定される顧客を定めることは事業化への極めて重要なプロセスではあるが容易ではない。そこでここ数年で急速に注目され既に普及し始めたデジタルマーケティングについてその概要を説明する。デジタルマーケティングという言葉はまだ明確に定義された表現は見当たらないが、「Webに代表される新しい技術を通じて実行されるマーケティング活動」のことを指す。デジタルマーケティングでは、開発された技術やそれを応用した仮想の製品情報を信頼できる検証パートナーに可能な限りの権利化（特許出願など）の手続きを完了した段階で提供し、事業化への成功率の向上（研究開発の生産性のアップ）と市場開発の促進が期待される。ここでいう検証パートナーとは、グローバルに潜在顧客企業とのネットワークと信頼できるデータを保有している言わばデジタルパートナーで、既に世界には化学産業に特化した何社かのパートナーが活動している。その一例として、「日本のA社は開発した新規バイオマスモノマーを日本の２、３社に提供したが期待するフィードバックは得られず、海外でも用途機会を探索することを決

第3章　研究開発テーマの実行におけるマネジメント

め、検証パートナーとしてSpecialChem との提携を決めた。SpecialChem
は特殊化学品の需要家および使用決定者からなる世界最大のネットワーク
（60万人）と検証作業のエキスパート、人材を保有する。SpecialChemはメ
ンバーのプロファイルに基づきこのモノマーに興味を持つ上位5,000～
6,000人のメンバーを特定、オンラインでの絞り込み、A社によるフォロー
アップを開始、結局、A社は4～5カ月で130社から意見を集め、25件の
プロジェクトがスタートした」と紹介[20]されている。

3－5.　パイロットスケールから本製造プラントの建設・稼働－第一のダーウィンの海を渡り切る

　パイロットプラントでの実証試験から得られたデータに基づいて本製造
プラントの設備費が算出される。通常この作業は、秘密保持契約を締結し、
競争見積もりを得るために複数の機械や機器メーカーと共同で行われる。
また、この段階から生産本部傘下の施設部、設備保全部や設備調達担当者
が参加してくるであろう。プラントの建設場所（国内外を問わず最適立地
の選択）、設備費も決まり、この研究開発テーマで最大の投資を決めるこ
とになる。最も重要なことは、本製造プラントが完成する例えば2年後で
も、市場（顧客）のニーズに量的（販売数量）な、そして価格的（売値）な変化
がないかどうかの判断である。最終のFSの結果はこの判断に大きく左右
される。これらを踏まえた上でFSの結果が新事業創出のための投資に関
わる社内の稟議決裁規程に合致するのであれば、経営会議で審議・決裁を
受けることになる。

３－６．本製造プラントの定常稼働と累積投資額の回収－第二のダーウィンの海を渡り切る

「研究開発から事業化に成功した」と明言できるのは、例えばヒューレット・パッカード（HP）社が製品・技術開発プロジェクトの評価のために開発した累計DCF計算手法を応用したリターン・マップ法（**図３－６**参照）において、本格的な事業開始後の利益累積額が過去の研究開発からベンチ、パイロット、そして本製造設備建設に関わった人件費はもとより全ての投資累積額と同額となった時点（Break-Even Time）であろう。往々にして研究開発から本製造設備が建設され製造された製品が実際に顧客に販売された時点で「研究開発から事業化に成功」と発信されるが、実際には長期にわたって赤字が継続している事業も多々あると推定される。このBreak-Even Timeに如何に早く到達するか、現実に企業にとってはここに大きな「生みの苦しみ」があり、どのような諸策が講じられているか第４章で触れることにする。

第3章 研究開発テーマの実行におけるマネジメント

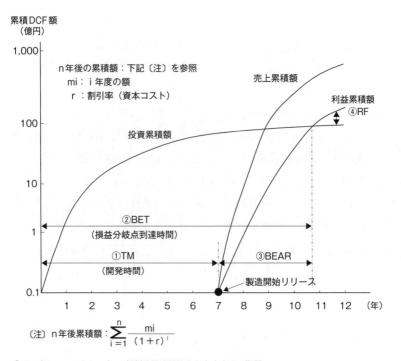

①TM（Time to Market）：新製品開発開始から上市までの期間
②BET（Break-Even Time）：開発開始後、損益分岐点到達時間（黒字転換）
③BEAR（Break-Even After-Release）：製造開始後、損益分岐点到達時間
④RF（Return Factor）：累積収益係数、一定年数後における投資累積額に対する利益累積額の倍率

【図3-6】リターン・マップ法による製品開発プロジェクトの評価

　図3-6では、縦軸が対数目盛りになっていることに注意して欲しい。投資累積は、パイロットそして本製造設備の建設時に急激に増加する。製造開始後の損益分岐点到達時間（BEAR）は図では約4年であり、製品を販売してから4年でそれまでの投資が回収されたことになるが、実際にはそれ以上の長い年月を要するプロジェクトテーマもある。化学業界における新製品の研究開発では、製品や製造規模にもよるが新たな製造設備を建設し本格的な稼働に至るまで最短でも研究開発開始から5年以上かかるケースが多い。

第4章

創出された事業の拡大と継続

4－1. 継続的な技術改良によるコストパフォーマンスの向上と市場開発部門との連携による新規グレードの開発－事業の拡大

　本製造設備が首尾よく稼働し、販売量が予想外に伸びたとしても**図3－6**に示されるBreak-Even Timeに到達するには、品質保証の問題と並行して刻々と変わる顧客の要望にマッチした機能を発揮する製品を如何に利益が伴う形で製造するか、生産技術に携わる技術者はもとより研究開発に携わった研究者も巻き込み更なるコストパフォーマンスの向上が必須となってくる。同時に事業部に所属する市場開発部門とタイアップしてグローバルな視点から事業環境の変化を見極め、顧客の要望に合った新規グレードを開発して用途拡大を図り、更なる製造設備の稼働率を上げ収益向上に向けての不断の企業活動が重要となってくる。それには如何に顧客への技術サービスを充実させるかがポイントになり、また、事業規模が大きくなるにつれグローバルな視点から、製造・販売・物流・開発・技術サービスなどの最適拠点が検討されることになる。

第4章 創出された事業の拡大と継続

4−2. 事業の継続計画（BCP）

　研究開発から工業化(事業化)に成功した製造プラントが順調に稼働し利益を生み出すまでに事業が成長したとしても、昨今多発している地震や津波などの自然災害や製造上のトラブルによる爆発や火災、あるいはテロ攻撃(特に海外拠点に建設された製造プラント)によって不運にも製造プラントが甚大な被害を受けるなどの緊急事態が発生した場合、工業化技術確立の一翼を担った研究開発者として原因究明など迅速な復旧のために何をすべきか日頃から整理しておくことが望まれる。通常、企業はこれらの緊急事態に備えて事業資産の損害を最小限に留めつつ中核となる事業の継続や早期復旧を可能にするために、平常時に行うべき活動や緊急時における事業継続のための方策や手段などを取り決めておくBCP(Business Continuity Planning：事業継続計画)を策定している。 言い換えればBCPによって中核となる事業を継続・早期復旧することによって企業価値の維持と向上を図ることになる。特に計画の中でも緊急事態によるサプライチェーン[注1]の分断に対処するための最も経済的な復旧計画は最重要課題であろう。なお、BCPを策定し維持・改善する事業継続マネジメントシステムが満たすべき条件を定めた国際規格として2012年にISO 22301が発行され、その日本語訳であるJIS Q 22301が2013年に制定された。

[注1] **サプライチェーン(SC：Supply Chain)**
　供給連鎖と訳され、原材料・部品等の調達から、生産、流通を経て顧客や消費者に至る一連のビジネスプロセスのこと。

第 5 章

研究開発から事業化に至る確率

5 − 1. 自社研究開発から事業化に至った事例

　やや古いデータではあるが、一般社団法人日本化学工業協会が調査(1999年)を行った貴重な自社研究開発事業化事例を紹介する (**表5 − 1**参照)。事業化に至った27件(期間が明示されている件)の内、工業化までに5年以上要した件数は20件(74%)、10年以上要した件数は12件(44%)である。これらの数字は研究開発開始から事業化に至るには少なくとも5年以上の期間を要し、その間、新規事業創出のための経営トップの強力なリーダーシップとCTOの技術経営力の持続性が如何に重要であるかを物語っている。研究開発テーマの分類については既に2 − 7. 項で説明したが、**表5 − 1**の方向性の欄で、シーズ、ニーズ、プロセスとして記載されている。研究は、既存の生産技術を改善・革新して、大幅なコストダウン、環境負荷低減や製品の高付加価値化を狙うプロセス研究、革新的技術開発に主眼を置いて市場の潜在的なニーズを掘り起こすシーズ研究、顕在化する市場ニーズ基づいて推進されるニーズ研究の3種類に分けられることを意味している。事業化に至った上記29件の内訳は、プロセス研究:17%、シーズ研究:24%、ニーズ研究:59%となり、ニーズ研究が事業化に成功する確率が最

第5章　研究開発から事業化に至る確率

【表5－1】 自社研究開発事業化例の概要

No.	内　　容	期間	規模	社　内　要　因
1	バイオ法アクリルアミド（微生物探索から）	15年	A	バイオ／エンジニア研究者の初期からの共同研究
2	高純度溶融球状シリカ	4年	A	コア技術強化、新規設備開発
3	耐水性ポリビニルアルコール	6年	B	着眼点の良さ、新用途の発見
4	分散凝集型トナー	11年	B	グループリーダーの新発想
5	光学異性体分離用液体クロマトカラム	11年	B	新発想（光学活性高分子から）
6	リニアタイプPPS	4年	C	会議によるクイックデシジョン
7	有機物固定型TiO_2コート薬剤／コートフィルム	4年	C	常識打破のマネジメント
8	生体適合性ポリマー	5年以上	C	研究担当者の執念 新開発担当部門の設置
9	無機イオン交換体	8年	C	研究担当者の興味
10	TFT－LCD用液晶材料	11年	C	広いノウハウ
11	IC包装用（キャリヤテープ）導電シート		C	市場調査予測
12	ポリオレフィン重合触媒	10年	C	戦略的資源投入（開始はトップダウン）、発想の転換
13	除草剤（ハロスルフロンメチル）	3年	C	研究蓄積
14	環境対応紙フェノール銅張積層板	3年	C	関連部門との目標の共有
15	クラウンエーテル及び合成二分子膜を用いるイオン電極	8年	C	発想の新しさ
16	ポリオレフィン触媒・プロセス開発	19年	C	技術動向を見据えた決断 技術者の発想と工業化チーム力
17	マレイミド類の事業化	7年	C	生産コストの大幅削減 R&D、製造、販売キーマンの強力連携
18	エピクロルヒドリンの新製法開発	4年	D	明確なニーズのR&D／生産共有
19	酸素バリア性包装材料	15年	D	需要用途展開の見えない段階での事業化決断
20	異方導電性フィルム	10年	D	高分子核体に金属メッキ着想 導電性材料のシーズ
21	超高屈折率レンズモノマー	7年	D	関連部門、経営幹部の早期承認と支援
22	甘味料アスパルテーム	13年	D	研究規模縮小 初期からR&D／エンジニア協力体制
23	トラン系液晶	10年	D	着想（研究者の勘と思い入れ） 蓄積技術（設計、合成、薄膜、評価）
24	耐候性塗料用樹脂（ルミフロン）	7年	E	従来イメージに拘らない新規性の発想
25	航空機用炭素繊維強化複合材料	10年	E	研究所長特命タスクで発想 チームリーダーの着想、他研究室の力
26	液晶ディスプレー用ワイドビューフィルム		E	目標確定と物理・有機合成・生産技術三位一体の共同研究
27	PTMG	3年	E	トップからの指示
28	簡便清掃用具クイックルワイパー	7年	E	事業本部との綿密な商品設計・評価、経営トップによるブラッシュアップ
29	プラスチック眼鏡レンズ用	12年	E	パイロット失敗で要求特性理解 社内各分野の専門家結集

資料：日本化学工業協会（1999年）

5−1．自社研究開発から事業化に至った事例

社 外 要 因	分 野	対 象	方向性
大学活用	素材	プロセス	シーズ
発売タイミング	素材	プロセス	プロセス
顧客と一体の用途開発	機能材料	プロセス	ニーズ
顧客からの共同研究申し入れと共同評価・開発	機能材料	材料	ニーズ
社外からのシーズ提供・支援	機能材料	材料	ニーズ
製造・販売提携企業の実力	素材	材料	シーズ
製造アウトソーシングによる効率化	機能材料	材料	シーズ
国家プロジェクト参加 海外VBとの提携	機能材料	材料	シーズ
社外共同委託研究 顧客ニーズ把握と発売タイミング	機能材料	材料	シーズ
大画面TFT−LCD需要	機能材料	材料	ニーズ
発売タイミング、PVC問題追い風	機能材料	材料	ニーズ
	素材	プロセス（触媒）	プロセス
現地（米）での評価、市場確認	最終製品	農薬	ニーズ
環境問題、発売タイミング	機能材料	材料	ニーズ
分析装置メーカーと提携	機能材料	材料	シーズ
マーケットを見据えた決断	素材	プロセス（触媒）	プロセス
耐熱性向上樹脂需要の拡大	機能材料	プロセス	プロセス
工場研究同一立地	素材	プロセス	プロセス
環境、省エネ、食生活変化が市場拡大	素材	材料	シーズ
液晶ディスプレー需要増 販売タイミング	機能材料	材料	ニーズ
顧客の強い開発協力	機能材料	材料	ニーズ
欧米企業とのJV	最終製品	食品	ニーズ
ノートパソコン用需要拡大	機能材料	材料	ニーズ
早期からの顧客 発売タイミング＝ニーズ増加と一致	機能材料	材料	ニーズ
ボーイング社の材料認定	機能材料	材料	ニーズ
	機能材料	材料	ニーズ
		プロセス	ニーズ
住生活のニーズ変化・発売タイミング	最終製品	ハウスホールド	ニーズ
顧客との共同作業	機能材料	材料	ニーズ

第5章　研究開発から事業化に至る確率

も高く、研究開発テーマの選択と集中にとって重要な示唆を与えている。

また、化学産業において研究開発から事業化までに要する期間について分析・予測された報告[21]があるので図5－1に示した。

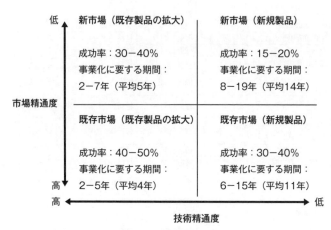

出所：マッキンゼー2013 "Chemical Innovation"

（図中の和訳は筆者による）

【図5－1】化学産業における研究開発から事業化までに要する期間

図5－1に示された区分と既述の事業ドメイン（図2－10および表2－6参照）との関係は、次世代の事業ドメイン（研究開発テーマの分類ではコーポレートテーマ）は新市場（新規製品）に、新規な事業ドメイン（研究開発テーマの分類ではコーポレートテーマ）は既存市場（新規製品）に、既存事業の事業ドメイン（研究開発テーマでの分類は事業部テーマ）は既存市場（既存製品の拡大）に、既存事業の枝葉にあたる事業ドメイン（研究開発テーマの分類は事業部テーマ）は新市場（既存製品の拡大）に相当する。いずれにしても技術精通度が低い研究開発テーマでは事業化に要する期間が平均して10年を超えることが示されている。

5－2. 研究開発テーマの棚卸事例

　今後の研究開発の生産性を向上させるために過去に実施された研究開発テーマの棚卸は非常に有効であるが高度な企業秘密に属するために公表された事例はほとんどない。参考のために、非常に稀ではあるが唯一日本の大手化学企業から講演会[22]で報告された概要を以下に記載する。

　過去20年間の「研究開発の棚卸」を行い、新規事業を目的として総額1億円以上の研究開発費がかかった主要テーマ50件について分析したが、その主な概要について以下に紹介する。

1. 主要テーマ50件につき事業化に至ったものは16件あった。

2. 「研究開発　R＆D」の「研究R」の主な不成功要因は技術力不足で、ハイテク分野の新規事業を狙ったテーマにおいて、技術的ブレークスルーができなくて断念した例が多い。

3. 「開発D」は、ある程度確立した基盤技術をベースに展開を図るが、不成功の比較的大きな要因は採算性の問題であった。

4. 市場面の切り口からみた不成功要因として、参入障壁、新たな代替技術や競合品、あるいは新規製品の場合は市場が未発達であることなどが挙げられる。また、市場面の不成功要因に関連していえることは、単にコスト競争力を持つプロセスや、優れた物性を持つプロダクトの開発を行うだけでは十分でなく、ユーザーにおける問題解決に役立つ機能を持つ製品を開発し提供する技術、このような方向の技術を「ソリューション技術」と呼んでもよいが、このような面の技術開発が十分でなかった。

5. 研究開発の不成功要因の背後にある最大の原因は、最初の「テーマ設定」にあり、20年間を振り返り、1980年代の我が国は「軽薄短小」の言葉が流行したハイテク研究開発のバブルの時代で、当社も未

知の分野へ落下傘降下するような研究開発テーマを手掛けたが、跳びすぎたようなテーマのほとんどが不成功に終わった。

6．新規事業に対する経営戦略のもとにきちんとしたテーマ設定することが重要で、その際には、自社の技術力、事業環境、市場面に対する十分な考慮が必要である。今後のテーマ設定に当たっては、従来型のアプローチは不十分で、ユーザーの使用価値の面で評価される製品、さらにはユーザーの問題解決に役立つ「ソリューション技術」を開発し、メーカー側から積極的にオファーするような姿勢が必要であり、当社ではこのようなアプローチを「提案型技術開発」と呼んでいる。

7．そのため、電機やエレクトロニクス、自動車といったユーザー企業の技術に関する高度な知識を持った技術者の育成に努めており、また必要に応じて実際に当社材料を加工する試作設備を作り、ユーザーニーズを先取りした製品の開発に努めている。このようなアプローチで「ソリューション技術」を開発し、ユーザー業界に問題解決法を提供する企業となり、さらに新たな需要を創出するような事業展開を行うことに繋げてゆきたい。

8．過去20年間に新規事業の開発研究に数百億円の費用を使ったが、投資効率は非常に低いと言わざるを得ず、研究開発の効率化は企業経営の大きな課題である。当社では成果主義の導入とともに評価体制を刷新し、研究開発の活性化を図ることで研究開発の効率の向上を試みている。

特に、6．で指摘されている「**新規事業に対する経営戦略のもとにきちんとしたテーマを設定することが重要で…**」は、この書籍発刊の目的でもある。

第 **6** 章

研究開発リーダーの役割[23]

　研究開発は難しい。特にそのリーダーは、学術的、技術的に優れた上で、組織をマネージでき、且つ相当な覚悟がないと務まらない。学者と経営者を同時に演じねばならないような役職である。もちろんどの役職にも専門能力とマネージ能力が要求されるが、研究開発リーダーは、研究という非常識と経営という常識の矛盾する考えを調和、あるいは腹の中に納めて、組織のルールを作り、人を育て、風土を変革していかねばならない。それには現状の問題点を解析し近い未来への目標を立てる所から始まる。その所属する企業の事業や規模、歴史、特徴、業績など、その置かれた状況は千差万別であり、共通した解決策がない。結局、研究開発リーダーそれぞれが、企業の環境、立場、組織などの問題点を列挙し、研究開発という分野でも自社の歴史を踏まえながら、組織を変革し、人を育て、社外と交流を深めていくことでしか、成功はないのではなかろうか。風土が良くなり、人が育って、社外との交流が活発になれば、もうしめたものである。その王道はないだろうが、古今東西の先駆者やリーダーの名言を参考に、自社および自部署の状況にふさわしい、具体的方策を立案・実行していくのが良いように思える。そういう意味でいくつかの名言を参考に、研究開発リーダーの役割を列挙してみた。

第6章　研究開発リーダーの役割

6－1. リーダーの心構え

●組織運営で民主主義は必要なく、必要なのは良識に基づいた強いリーダーシップである

「アメリカ海軍士官候補生読本」[24]の中に、リーダーシップの定義として、「一人の人間が、他の人の心からの服従、信頼、尊敬、忠実な協力を得るようなやり方で、人間の思考、計画、行為を指揮でき、且つそのような特権を持てるようになる技術、科学、ないし天分」とある。我々は「リーダーシップは天分」と考えるが、面白いのは「技術か科学ないし天分」とされているところであり、訓練を必要とする技術、ならびに論理的思考が必要な科学としているところである。また本書では同時に、リーダーには任務とともに権限が与えられるが、それは一定期間内に成果を上げてもらうために、一時的に預けられたものであり、期間終了後は直ちに返却すべきものであることを強調している。リーダーとは一定期間に特定の任務を遂行するための指揮官であるから、強いリーダーシップにより、チーム全員に理解してもらえる形で、仕事を分かち合う方法をとることが必要である。

そのために、どんなときでも事務局をセットし、メンバーの声が吸い上げられるようにしておくことである。その上で、リーダーは戦争の指揮を副官に任せる将軍はいないように、全力で取り組み、決断していく。その決断が業績や将来に影響を与えるとなるから、当然厳しくなる。一方で事務局や中間のマネージャーは、その分、明るく振る舞うよう、役割分担してもらえる組織を作ることが好ましい。

●民主主義的で且つ強いリーダーシップが理想である

人間は個人だけなら弱いが、組織を作り、人間関係を築くと強くなる。我々日本人は、特にその傾向が強いだけに、金太郎飴と言われようが、個性が見えないと言われようが、得意である組織力を磨いて全体として生産

性を高めてきたし、今でもその組織能力やチームワークは世界にヒケをとらないであろう。研究開発力も、探索研究にせよ、開発研究にせよ、生産化技術にせよ、そんなチーム作りを大切にすることが成功への近道の一つである。

　一方で、このチームワーク力は諸刃の剣で、チームワークの組織力が強くなりすぎるとコンプライアンスが失われ、組織が暴走することがあるから、これをコントロールすることもまた、研究開発リーダーの重要な役割である。特に組織が拡大すると、それぞれが何のための仕事かを忘れて、流れてくる情報を処理するだけで仕事をしたつもりになったり、官庁のように組織防衛に走ったりする。従って、最初からチームの期間を決めておいた方が良い。個別的なターゲットを追いかけるチームの場合は、2年が限度のように思われる。大型で規模の大きい場合でも5年までであろう。一定期間が過ぎても継続する必要があるときは、研究開発リーダーは組織をシャッフルすることである。シャッフルするときは必ず若い次期リーダーを抜擢して、大胆な組織変更や人事異動を断行することである。組織変更はまた、仕事の仕組みを変えることになるので、メンバーから不平不満が起こったり、一時的に戦力が落ちたり、営業やユーザーからクレームが来たりと、必ず痛みが伴う。しかし、痛みを伴わない組織変更は、皆が安堵はするだろうが、たいてい実情に沿った微変更であって何の意味もない。改革への痛みは避けて通れない。どんな小さな変更であっても、マンネリを防ぐために変更を繰り返すほかない。

●求められるリーダー像は、ビッグシンカーで、外部の声を聞き、そこから学ぶ姿勢を持つ人である

　この言葉は、GEの人材教育担当副社長ピーターズ氏が、インタビューに答えて言っていた言葉である。ここで言うビッグシンカーとは、「大きな視野を持つ人」という意味で使われ、自分の専門分野の未来についても語れるが、技術に限らず専門以外の分野についても大局を語れる人のこと

を指すのだそうだ。一時期アメリカでは、経営のトップがシェークスピア文学や哲学を勉強するため、文系の夜学大学に通ったりすることが流行っていたと聞く。特にアメリカに限ったことではないと思うが、物事を大きく見れる人物になるには、そうした訓練が必要であろう。文学や哲学に限らず、歴史や、あるいは趣味やスポーツに徹する人達は、皆ビッグシンカーのように思う。残念ながらスポーツは、若いときに訓練しておかなくては、中年になってからではとても手が届かないが、リーダーは少なくとも趣味や読書は欠かさないようにしたいものである。

●リーダーは部下の仕事を自らやってはならないが、全てをやれねばならない。そうしないと的確な指示ができず指導もできない

日本の古い指導者像は、日露戦争における大山（巌）元帥や乃木（希典）大将、あるいは西郷南州らのように、部下に任せてその能力を最大限引き出すのが理想のように思われてきた。しかし、あの時代はそこに、日本を代表する鍛錬を重ねた人物が集まり、草莽の志士達がおり、日本全体に危機感がみなぎっていたからこそできたことであり、現代では難しい。むしろ戦国時代の武将達が覇権を賭け、あるいは自領を守ろうとして戦った事例の方が参考になる。どの武将も部下を信じてはいただろうが、部下に戦争を任せる武将はいなかっただろう。いても負けて消えていっただろう。当時の武将は、それこそ城作りから武器の購入、農民の経営など全てを取り仕切っていた。取り仕切るほど仕事に精通していた。仕事の内容が分かり、状況を把握・理解できてこそ大所高所からの的確な指示ができた。そして、知っているからこそ、小さな変化をも捉えることができた。その例は至る所に残っている。研究開発リーダーは、戦国武将なのかも知れない。精通していても、今までに経験したことのない事象が起こり対処に困ることもあろうが、その場合も率先して勉強し、あるいは他者の知恵を集めて、組織的に解決することが何より重要である。

●常識の経営と非常識の研究開発の融合

　独創的な研究や新規事業は、結果がなかなか見えないから、しばらくすると大きな反対にあうのは当然である。かつてのソニーのように、経営者自身が独創的な新製品の発想できる企業は、こんな心配は要らない。テレビのドキュメンタリー番組でソニーの大賀典雄氏が、「創業者のに井深（大）さん、盛田（昭夫）さん、岩間（和夫）さんと私の4人は、何かと言えば集まって、この次は何をやろうかと考えをぶつけ合った」と語っていたのが印象的であった。さすがにソニーの経営者と感心し、社長がそんなことをするのかとびっくりもした。しかし今は、産業も製品も市場も複雑になり、そう簡単に社長の周辺だけで事業を考えることは難しくなっている。研究開発リーダーは、ソニーの経営者がやったようなことを、社長にかわって肩代わりするのが大きな役目ではないだろうか。常日頃、研究開発の現場に身を置き、市場とも接しておれば議論の材料は出てくるであろう。それを、営業をはじめとし工場やエンジニアリング部隊のリーダーとも議論できる風土があれば、新規ビジネスや新製品の構想を提案できるのではないだろうか。こういうことが社内で日常的に機能することによって、開発は進むのではなかろうか。

●必要なのは、予期しなかった事態の中に、普遍的な原則を見出す能力である

　研究開発では予測しなかった事態が起こることがある。技術は順調に進んでいるのに、予定していたユーザーが離れてしまうとか、全く別の技術が出てきたとか、その他いろいろあるだろう。予定通りに進んでいるのであれば、研究開発リーダーはいなくてもよい。しかし、いろいろ問題が起こるからそうは行かない。その問題として、技術上でもそれ以外でも予想外のことが起った場合、先ず正しい情報、詳しい情報の入手に精力を費やしてから、対処できる問題なのかどうかを決断することである。常日頃こまめに情報交換し、予防的対策を打っておけば、たいていは対処できるが、

第6章　研究開発リーダーの役割

たまには対処できないときがある。そのときは「それは残念」というしかない。こんな話がある。ナポレオンはアウステルリッツの戦いまでは連戦連勝だった。それは戦う前に徹底的に地形を調査し、敵の情報を手に入れて対策を練っていたからである。事態が想定外であっても、事前の情報と現状を付き合わせれば対応できたからである。もちろんこれだけではなく、優秀な騎馬隊とか砲兵などの戦力そのものも優れていたからではあるが。ところがロシアのクツーゾフ将軍には負けた。モスクワを焦土と化して逃げたからである。これにはナポレオンも手が出ず、冬将軍を迎えてしまった。そんな非常手段のときは仕方がない、敵が一枚上手だったから。

●変革のための戦略は、数値ではなく、論理に基づく洞察力と、経験に
　基づく判断力から決断される

戦略の定義は数多くあり、どれもなるほどと感心するものばかりである。その中の一つに誰の言葉だったか覚えていないが、「戦略とは小が大に勝つための政治的決断である」というのがあった。もっと言えば戦史の中で賞賛される戦略は、ほとんど小が大を倒す戦いである。身近な織田信長の桶狭間の戦いをはじめとする戦国時代の幾多の戦い、三国志に見られる諸葛孔明と司馬仲達との戦い、古くはアテネがペルシャと戦ったサラミスの海戦など、掲げればキリがない。そして、それらは全て意表を突く、即ち相手が予想していなかったことを実行する、あるいは相手が恐怖心を起こすことを見越して行動を起こすようなことである。ここに独創性があり、芸術的とさえ言われる天才的ひらめきがある。彼らはこのままでは負けて亡国の憂き目に遭う、あるいは今回は回避できても、やがて長期の低落に繋がると考えて戦略を立て、戦闘場面での作戦を立案した。それが相手も考えつかない作戦であった。仕事においても、全体方針と過去からの自部署の流れを勘案して、先の見通しが暗ければ、自分の権限を越える構想を作り上げることが肝要である。そして根気よく訴え、少しずつでも前進してゆく覚悟が必要である。

88

6-2. オープンな組織作り

●どうでもよいことは規則で決めておけばよい。しかし、根幹に関わる方針や目標は、明文化するだけでなく、何回も語り合わねばならない

近年はコンプライアンスが流行で、何から何まで決めておく必要がある。全てがマニュアル化され、書いてないことはやらなくてよいとなる。規則は確かに必要であろう、しかし最も大事なのは、仕事の目標であり方針である。もっと言えば企業の理念であり目標である。根幹に関わる企業理念や各組織の将来像は、定期的に語り続けられねばならない。研究開発もしかりで、そのための定期的な合宿や、頻繁な時間外ミーティングは必要であり、その経費は必ず確保しておくべきである。

●やりたいことがあれば、いつでも提案し認められる組織が理想である

大きな仕事をした人の話を聞くと、トップの支持を受けて幾多の苦難を乗り越えて成功したケースと、周囲から大きな反対を受けたけれど、これを押し切って成功したケースの両方がある。前者のケースは、最初から予算や人材が豊富に認められ、少しの失敗は許される。後者のケースは、最初は実現不可能と思われ大反対されるが、反対を押し切って実行したり、上司を飛び越えて最後は社長まで直訴した話から成功物語が生まれるケースもある。途中は予算や人材に泣かされ少しでも失敗すると、「もう止めろ」の大合唱が聞こえて、これを乗り切った話が美談として語られる。自分で退路を断って仕事を始めた信念が、成功を導き出すのだろう。しかし、組織としては前者が好ましい。その方がスムーズに仕事が進むからである。そのためには、先ずトップが大胆な指示をしたり、提案を受け入れたり度量を持つことが必要であるが、もう一つは研究開発リーダーが部門内の提案を吸い上げる体制を作っておくことである。そのために部門内に提案が受け入れられる制度、あるいはミーティングをセットして、その提案が正

89

第6章　研究開発リーダーの役割

当に評価される制度を作っておくことである。そして、重要なことは、提案の審査者には必ず大きな仕事をした人を当てることである。提案に近い部署の人とか経験者というだけではいけない。彼らは日常に染まっており、非日常に関する提案は体よく断るのが常だからである。研究開発リーダーは、このような制度や組織を作り、且つそれを助長するために、部長や課長クラスに業務の拡張や新規事業への発案を促すことが肝要である。反対にリーダーや部課長が、日常業務でこまごまと指示や質問を繰り返すのは愚の骨頂である。

●平時において人を動かすには、厳しい環境に置くか、個人に光を当てるか、組織を一体化させるかである

異常や緊急事態のときは全員が一致団結しやすい。皆が心配し何とかしようと思っているから、リーダーシップも取りやすいが、平時では皆に切迫感が欠けているため、なかなか一致団結とはいかない。しかし、その平時にこそ、異常事態や緊急事態の到来を防ぐべく、一致団結して新製品開発や企業改革が必要であることは論を待たない。その方法の一つは、少数のメンバーを選んでプロジェクトを作りその専任メンバーにして、風土改革や組織改革を担当させるのである。期間は長くなく、1、2年が好ましい。あるいは、短期の製品開発プロジェクトをいくつか立ち上げ、提案者を中心にプロジェクトのリーダーを設定して、皆からの視線を与えることもよい。進捗状況のチェックはリーダー自らが行い、組織の活性化を図るのである。大切なことは、個人であれグループであれ、革新的なことを提案したときには、既存の仕事と切り離して別グループを作って選任してもらい、期間内に目的を達成したときには処遇を上げることである。こうして昇進や社長表彰ばかりでなく、提案や革新的な仕事をしたら評価されることを、皆に感じてもらうことである。

6-2. オープンな組織作り

●研究開発者が10人いれば、そのトップ一人から大きな成果が出る。しかし残りの9人がいるから、その成果が得られる

研究開発には失敗がつきものである。新製品となると、そのプロジェクトの成功確率は10%と言われる。ましてやアイディア段階から見れば、千に三つと言うから0.3%である。千のアイディアというが、八百や九百のアイディアの段階では成功するものは何も出ず、さらに千までアイディアを出したときに、その加えた百か二百の中から一つが出るという感じがする。ある料理家が、「新しい料理や味を工夫してきたが、最初の二百を作り出すのには苦労したが、しかも余り良いできではなかったが、二百を超えると割に簡単にアイディアが出て、しかも上手くいった」という意味のことを言っていた。数の大小はともかくとして、同じような感覚ではないだろうか。研究開発の成果が、各研究チームからある確率で平均的に出てくると嬉しいのだがそうはいかない。残念ながら、特定の人やチームから成果が出てくる。ではそのチームだけに仕事をさせれば良いと思うが、そうはいかない。やはり残りのチームがあってこそ成果が出てくる。そこには人やチームの切磋琢磨、共同作業、勉強会、情報交換などがあるからであり、リーダーは意識的にこういう状況を作り出すことが肝要である。そして時々メンバーを交換するのである。たとえは悪いが、蜂の世界でも働き蜂や何もしない蜂がいて、後者を取り除くと残りの中から、七対三の比率で働かない蜂が出てくるそうだ。蜂と人間を一緒に考える訳にはいかないが、働かない蜂も重要な役割を担っているのである。理想的には、この研究者やチームが、入れ替わり立ち替わり成果を出してくれることだが。

第6章　研究開発リーダーの役割

6－3.　人材を育てる

●部下がついてくるかどうかは、リーダーの努力や苦しみの大きさに比例する

　古今東西、キラ星のごとく無数の偉大なリーダーが出現している。それぞれ挙げるまでもないが、出エジプト記にあるモーゼの十戒もまた典型的な例である。伝説ではあろうが、イスラエルの民を引き連れてエジプトから脱出しシナイ山に来たとき、40日間山に籠もって祈り、その後飄然として皆に行く道を示したという。数年前の話であるが、一代を築き国内外を問わず多くの弟子を育てた囲碁棋士・藤沢秀行は、死の床に就いたとき、俄然病院のベッドから起き出して「強烈な努力」と書をしたためて息を引き取った。弟子の高尾(紳路)棋士が「先生の右手の人差し指は、左手より1、2センチメートル短かった。よほど碁石を握っていたのでしょう」と語っていた。吉田松陰もまたすごいリーダーであった。松下村塾での話だが、弟子の中に14歳の頑固な少年がいた。習字を書き散らしているので、松陰先生は片付けてから書きなさいと注意しても少年は知らん顔、とうとう頭に来た先生は少年に飛びかかって直させた後、少年に「君は日本一の頑固者になりなさい」と諭したという。松陰先生にはこの種の逸話がたくさん残っているから、相当に熱血漢だったのであろう。人を指導するにも、心から全人格で取り組んだ様子がうかがえる。

●叱るのは自発性を引き出すのが目的であるから、叱った後が重要である

　山本五十六の「やって見せ、言って聞かせて、させてみせ、褒めてやらねば、人は動かじ」という素晴らしい言葉があるが、もう一つ「叱ってあげ」が欲しいように思う。叱る目的は二つある。一つは、良いことを身に付けるように習慣化させること、もう一つは自発性を引き出すことである。

92

前者は主に教育であり、子供時代の話が多いように思う。しかし、研究開発では圧倒的に後者の目的が多いであろう。この自発性を引き出すには、興味を抱かせるとか、将来の夢の実現に役立つと実感させるよう、具体的に指摘・指導することが肝要である。叱るときは何がダメなのかをハッキリ指摘し、どうすれば良いのかを伝えることである。そう言うことによって叱られる方は、具体的なやり方が分かると同時に、指導する側の育って欲しいという気持ちが伝わるからである。昔の日本風に、「自分で盗み取れ」が一番良いのだが、それは自発性が出てからのことであろう。司馬遼太郎は、「優しさや思いやりは、人間や動物の本能からは出てこない。人間や動物は、自分を守ることを本能とするからである。他者への思いやりや優しさは訓練を要する」と書いている。プラトンは名著「国家」の中で、「過度の自由は、個人においても国家においても、それぞれをただ奴隷状態に変化させしまう途である」とまで言っている。叱ることは大切である。

●創造的な人を育てる一番良い方法は、創造的な仕事をやった人の下に付けることである

　創造性とかセレンディピティとかは、人間の最も崇高な資質の一つであるが、これをいかに育てるかについては、研究開発に限らず、どこでも最も頭を痛めることである。創造性とかセレンディピティは、将来、脳科学が発達すれば別だが、現段階では説明できるものではないように思える。成功するには、基礎的な勉強と無数の経験や知識を原理にまで簡略化して、しっかり頭の中にたたき込んでおくことは必須であるが、それだけでも説明できない。先ず幸運でなければならない。そういう仕事ができるところに勤めること、そして良い仕事に出くわすこと、重要な場面で素晴らしい人に巡り会えること、それでも成功確率は上がるかどうか心許ない。10年後、20年後に社会が要求することをやっているつもりで、仮に幾多の幸運でそれが作れたとしても、本当に社会が受け入れてくれるかどうかは、運としか言いようがない。それをセレンディピティというのかも知れないが、

第6章　研究開発リーダーの役割

サイエンスの範囲を超えている。しかし、答えは簡単である。若い優秀な人達を、創造的な仕事をした人の下に付ければよい。彼が育ててくれるだろうし、若い人達はこういう人から、勉強以外の何かを感じてくれるだろう。しかし、こういう天才的な人達でも、ものすごく働き、部下には厳しく、社外とは平気で喧嘩した。その良い例がエジソンであろう、ニコラ・テスラとの確執も有名な話であるが、エジソンは部下にも厳しかった。しかし、その部下達がＧＥ（ゼネラル・エレクトリック）を世界企業にしていった。テスラは自身のスケールが壮大すぎた故か、不遇であったが。

あのアインシュタインでさえ晩年でも波動説を認めなかったという。最近ではスティーブ・ジョブズも、その激しい性格は周りを困惑させ、幾人かの親しい友人さえも去っていったという。それでも世界を変える仕事をしたのである。哲学者の田辺元があのハイデッガーについて言っていたことを思い出す。「近頃私は、なるほど彼は性格が悪い、だが思想はすごい。それで何が悪いのかと座り直すようになった。むしろ誰にでも好かれる善人が、世界史を覆すような思想を形成することの方が、ありそうない」。そんな天才がゴロゴロいるわけはないが、そこまではいかなくとも、社内外を問わず創造的な仕事をした人達は、たくさんおられる。そういう創造的な仕事をした人達を見つけ出し、若い優秀な人達を指導してもらうことが、創造的な人を育てる最善の方法であろう。勝負の世界には、「運のついている人のまねをすれば良い、運のついていない人の逆をやれば良い」という言葉がある。人を利用するようで気が進まないが、これも考えられる道理ではある。

●経営はひとえに人材、肝心なのは五年十年かけて人を育てることである

経営には人、物、金そして情報と言われる。その通りであるが、この中で人は別格であり、どの会社も最重要視し、入社試験や面接には気を配る。どの会社も人材育成プランを持っているのだが、よほど系統的・組織的に

6-3. 人材を育てる

人材育成をスケジュール化し、十分な予算を付けておかないと、その人材育成プランは日常業務に埋没されて、ないがしろになりやすい。特に研究開発では「勉強は自分でするもの」という考えが強く、各人で努力せよとなりやすい。本来はそれで良いのだが、やはり勉強のキッカケを与えたり、強制的に勉強させるシステムも必要である。欧米の化学会社は研究者として、20代後半のドクター(博士)を採用するのが一般的であり、学会や研究での訓練を十分受けてから、即戦力として入社している。一方、日本では24歳前後のマスター(修士)を採用するケースが圧倒的で、入社早々即戦力と見なしているが、研究開発では20代後半までの期間を訓練の期間と考えても良いと思う。例えば、新入社員は最初の2、3年は文献調査にアイディア捻出の訓練、講演会や学会に出席させて最新情報と過去の技術との融合を考えさせるとか、社外の人達との付き合いを覚えるとかである。さらにこの期間で専門領域の深化に限らず、異文化の体験、人に教える経験、自分に適した仕事を見つける期間とするのも、将来への大きな投資となる。その後40年前後は会社に勤める人がほとんどだから、見返りは十分ではなかろうか。

これからの益々のグローバル化を考えると、英語で情報を取り、英語で情報を発信できる開発研究者が多数望まれるので、海外留学も必要であり、世界での研究開発者の知己を得ることは、将来への大きな財産である。そう言えば、昔は旧制高等学校時代があり、我々の時代でも最初の2年間は教養部があった。若いときの数年の内に、多種多様な人材を育成しておきたいものである。既に実施している企業も多いと思われ、投資は馬鹿にならないが、研究開発では特に必要なことである。研究開発に限らず将来の多種多様な人材の育成、これもまた研究開発リーダーの重要な役割の一つであろう。

●部下の登用について

後継者も含めて部下の登用に頭を痛めた経験をお持ちの方は多いと思

う。登用について述べた「モルトケの法則」というのがある。プロイセン王国（現ドイツ）で19世紀後半、鉄血宰相ビスマルクの下で参謀総長を務め、対フランス戦、対オーストリア戦、対デンマーク戦などに連勝し、プロイセン王国を一躍大国に押し上げた人物の一人である。彼が述べるには、第1に登用するのは「能力があって意欲のない者」、第2に登用するのは「能力も意欲もない者」、第3に登用するのは「能力・意欲ともにある者」であり、決して登用してはならないのは、「能力が無く、意欲がある者」であると言う。結局、能力を重視するものの、やはり無私の者が一番良い。最も困るのは意欲だけが強い者であり、組織が瓦解するという。また、能力・意欲ともに優れた者は、トップを差し置いて独断専行するから危険であると言う。これはまだ封建制の時代の話であり、且つ当時プロイセンは躍進している新興国且つ軍事大国であって、その参謀総長という立場を考えねばならないが、なるほどと思わせる言である。

●失敗したときは、その人のマインドか勉強不足のどちらに問題があるかを見極める必要がある

　中間管理職になると部下の人数が増えてくる。部下の皆に成功してもらいたいし、少なくとも元気に働いてもらいたい。しかし、失敗する人が出てくるのはやむを得ないが、少しでも失敗を減らすことを考えていかなくてはならない。そのためにどうするかだが、研究上の問題なら、先ずその失敗は研究の仮説の間違いか、実験上のミスか、まだ分からないことがあるのかを明確化する。ユーザーとのやり取りなら、試作のミスか、市場の見誤りか、ユーザーとの連絡ミスかであろう。そのどれでもなければ、マインドが低いか一時的な病気かである。原因さえ分かれば、それぞれに対応はできるのだから、失敗の原因を冷静に見つめて報告してもらい、心の病気の場合は別だが、そうでない場合は手がかかっても、そういう人を直接指導するのも、リーダーの務めである。

6-4. 成功する研究開発のために

●ユーザーの顔が見える研究開発を

　研究開発の中でも新規事業に向けての探索研究は、常にその時点では存在しない製品を考案し具体化しなければならない。しかもその探索研究が成功したとしても、明確に企業の収益に加わってくるのには最低10年はかかる。それでも企業はこれを目指さなければならない。一方、技術サービスに近い研究では、やっている仕事とそのユーザーの顔が目に浮かびながら仕事ができる。従って仕事も早く進むし、痒いところにも手が届き、ユーザーに喜んでもらえる。新製品でもこんな研究開発ができれば、成果は上がりやすいし、ユーザーも喜ぶし、やりがいはあるしで、皆が大満足である。でもそんなことができるだろうか。もちろんユーザーは存在しない。それでも、探索研究の当初より販路を十分に意識し、あるいは想定し、早い段階から未来のユーザーと接触し、時期が来たら共同開発や、大手販売業者との交流を通じて、常に市場との対話を欠かさないことが重要である。研究開発リーダーはその橋渡しをしたり、あるいは組織的に結び付けるような仕組みを作れば、上市に早く近づけるし、成功確率も上がってくる。また、製品の完成度が上がってきたら、それを単発の製品にとどめるのではなく、事業にする構想を立てて、早めに実行するのが望ましい。

●どんな長い開発であっても、一時的に大きな進展を見せるものである

　開発には時間がかかる。開発を初めて製品化できるのは、早くても数年はかかる。とはいえ世の中はスピードの時代、これを早めるにはどうするか。最初のスピードが早い開発は、できあがるのも早いので心配は要らない。問題は最初からスピードが遅い開発である。重要で難しい開発はどうしても最初から遅くなり時間がかかる。しかし、その時間がかかる開発でも、一時的に早くなることがあるので、ここを捉えて一気に戦力を増強す

第6章　研究開発リーダーの役割

ることである。応援の人材に加えて必要な機器や設備を一気に投入、あるいは購入してでも支援すべきである。一時的に応援に入った人達にも勉強になると同時に、お互いが親しくなることもプラスである。そういう場面を作り出すのも、研究開発リーダーの役割の一つであり、長年の経験からそういう場面を見つけ出し、状況を読み切るのも研究開発リーダーの責務の一つである。

●新製品を上梓するときは、技術サービス体制を確保する

末端製品メーカーでは当たり前のことであろうが、素材メーカーでもこのことは重要である。折角の新製品もクレームで出足が遅れると、やがて競合メーカーにその座を奪われかねない。その対応はユーザーの業種によるところが大きいが、自動車メーカーなら、コピー機メーカーなら、紙おむつメーカーならなど、とにかくユーザーの業種によって技術サービスの内容が大きく変わるので一概に言えないが、開発途上の経験から必要な技術サービスを予測して準備しておくことが重要であり、これが次の開発に繋がることが多い。その技術サービスの中には、ユーザーが化学以外の業種の場合は、化学分析力や各種の化学の評価機器も役に立つことがある。

●攻めの失敗はまだしも、守りの失敗は致命傷になることがある

攻めの失敗、即ち長年開発を続けて新製品が出なかったり、上市したはいいがほとんど利益が出なかったり、売れなかったりすることもある。場合よっては早々に退場ということもあるかも知れない。しかし、それは経験値が増え勉強になるのだから、それほど悪くはない。貯金がちょっと減っただけである。社内ではいろいろ言われるであろうが、気にすることはない。増えた経験値を使って、次の開発を成功させれば良いのだから。しかし、大変なのは守りの失敗である。自社の製品に欠陥が見つかったり、あるいは他社からより優れた、または安価な製品が出されたりして、自社の製品が危なくなったりする場合は、収入そのものが減り、早く対応しない

98

6－4. 成功する研究開発のために

と大きな損害になる。ポイントは、いち早く情報を入手し対応することである。社内のどこかに最初の情報が入るはずであるが、その情報が担当の部署に届くと同時に、研究開発部隊にも届かねばならない。企業によっては研究開発部隊ではなく、専門の技術部隊があるかも知れないが、事によっては有能な研究者を動員する必要があるという観点で、研究開発部隊にも届く必要がある。研究開発リーダーはこういう連絡網を、常日頃整えておくこともまた重要な役割である。

　考えてみれば古今東西を問わず、どんな時代もどの世界も、社会が閉塞してくるとロマン主義者が台頭し、王政復古のように昔の御代に帰れと革命を起こす（共産主義も見方によれば文明前の世に戻れと言うようなもの）。歴史は、その革命が失敗し、あるいは一時的に成功しても、現実主義者がその行き過ぎを正して強力な政権を作り覇権を握ることの繰り返しであった。少なくともこれまでは。少し乱暴かも知れないが、エジプトの王朝交代、ローマ時代の王朝交代、幾多の中国の王朝交代、フランス革命、日本の明治維新の王政復古、ロシア革命、第一次世界大戦、第二次世界大戦など、いずれもそう見えて仕方が無い。ある意味、企業にもそのような盛衰があるのかも知れない。どんな世界でもこの浪漫派がいなければ歴史は動かない。研究開発者は、特にそのリーダーは、ある意味企業における浪漫派の役割を担っている。研究開発リーダーはこれを託され、言ってみれば「現在の非常識、将来の常識」を作り上げるのが使命である。従って、成功するまでは非常識であり続ける。その間、外野から多くの批判を受けながら開発を押し進めねばならず、それだけの度量と見識の上に立って孤独に耐える力が必要である。たとえ失敗しても。

99

第 2 部

研究開発から事業化に
至った事例から
成功要因（KSF）を学ぶ

筆者等は2014年、一般社団法人近畿化学協会 化学技術アドバイザー会
（近化CA）に「MOT研究会」を発足させ、主に化学産業分野において研究
開発から事業化に至った成功事例を直接担当あるいは統括・指揮された当
事者から発表して頂き、MOT視点から活発に議論し、事例研究（ケースス
タディ）を行ってきた。

　ケーススタディでは、①研究テーマ決定までの経緯、②魔の川、死の谷
を乗り切った要因、③ダーウィンの海を乗り切った要因、④事業継続
（BCP）・発展の鍵の四つ（第1部 第3章および第4章を参照）のMOT視点
から事業化に至ったKSF（成功の主要因）等についての分析を発表者自身
にお願いし、それらを共通情報として参加者同士で自らの視点から意見を
交換し、議論を進めた。このような議論から得られた知見やノウハウ
（KSF）、あるいはそれらの新たな組み合わせは、今後のMOTに係わる人々
に大いに役に立つものと確信している。さらにこのような知見やノウハウ
は、「技術の市場化による新事業の創生」、「研究開発から事業化に至る成
功確率の向上」等のMOTの重要課題に対し、実践的な解決策を与えてく
れる力となり、かつ本書第1部（第2章～第5章）で述べてきたMOTの解
説の理解を助ける材料にもなるものと思われる。

　特に各成功事例のKSFに着目してみると；
1．研究テーマ決定までの経緯
・研究開発テーマと経営戦略との整合性による経営トップの支援の獲得
・大学や公的研究機関との連携・共同研究の推進
2．魔の川、死の谷を乗り切った要因
・重要な技術革新と知財権の獲得
・迅速な市場開拓
3．ダーウィンの海を乗り切った要因
・重要な市場開発につながる顧客の開拓
・迅速なパイロットプラント対応

第2部　研究開発から事業化に至った事例から成功要因（KSF）を学ぶ

・経営層による推進・支援

４．事業継続（BCP）・発展の鍵

・生産技術革新による大幅なコストカットの達成

・新たな用途開発

等を例として挙げることができよう。

　我々は今後も継続して良質な事例研究を通じて、多くのKSFを蓄積していく予定である。なお、事例紹介者と文章作成者が異なる場合はその旨明記し、また、紹介者および作成者の略歴を本節の最後に記載した。

事例1. ε‐カプロラクタム製造技術の開発
― 住友化学株式会社

事例紹介者：市橋　宏

1．研究テーマ決定までの経緯

(1) 社内要因

ε‐カプロラクタム（以下ラクタムと称す）は6ナイロンの原料として世界需要600万トンの大型化学品である。住友化学ではシクロヘキサノンオキシムを酸触媒の発煙硫酸でベックマン転位し、ラクタムを製造していた。この方法では、副生硫安が重量比でラクタムの1.7倍も発生するため、環境問題とコスト面から硫安を副生しない製法が世界的に望まれていた。住友化学でも1984年からクリーンなプロセスの研究開発を進め、1988年までに高シリカZSM‐5が触媒として優れていることを掴んでいた（収率約80％）。この触媒はほとんど酸性を持たないため、常識を覆す発見であった。この高シリカゼオライトをTMSで処理してシリル化すると、95％収率でラクタムが得られたが、本触媒は再生処理が不可能であったため工業触媒にはならなかった。気相ベックマン転位の研究開発はBASFですら工業化できなかった難しい研究であり、見通しも立たないため中止すべきとの意見が大勢で、6カ月の研究猶予が新任リーダーに与えられた。リーダーは、研究員には実験に没頭させ、社内関連部署に状況説明をして、全社的に研究開発を認知してもらう努力をするとともに、研究継続不可の場合の対応にも備えていた。幸い、4カ月後全くAlを含有しないZSMゼオライトを用い、メタノールを共存させて副反応を起こす結晶外表面のシラノールをメトキシ化すると、95％を超える反応収率が達成できた。これにより、研究継続が決まった。

第2部　研究開発から事業化に至った事例から成功要因（KSF）を学ぶ

(2) 社外要因

　シクロヘキサンオキシムの気相ベックマン転位は既にBASFで400キログラム／時規模のパイロット研究が実施されていたが、最終的に工業化を断念していた。また、固体触媒分野でZSM－5ゼオライト触媒が見出され、世界的に注目を集めていた。

2．魔の川、死の谷を乗り切った要因

　気相ベックマン転位はプロジェクト研究に採択され、月1回の厳しい進捗が問われ、研究員は新たな難題にもハードワークで解決した。精度のよい触媒寿命試験装置を設置し、反応成績、触媒寿命を改良して初期目標を達成した。ラクタムは主に繊維用途に使われるため、品質基準は極めて厳しいものであった。品質を悪化させ糸切れの原因になる不純物は数ppmと微量で、その特定と除去は困難を極めた。精製法の開発は自分達だけでは困難であったので、分析物性グループと生産技術センターの協力を得て進めた。生産技術センターでは流動層反応ベンチ装置を稼働し、その設備から得られたラクタム精製法の開発が進んだ。その後顧客評価が行われ、合格判定を受けた。役員会で、今後本テーマをどうするかの判断が議論され、厳しい意見も多かったが、某取締役の強いサポートがあって、本プロジェクトは前に進むことになった。触媒は反応により炭素の析出が起こるため、再生が不可欠であった。愛媛工場で実施されたベンチ装置は流動床で、連続的に触媒を再生処理するため、反応器と再生器を設置することにより触媒賦活することができた。ベンチ実験のため、研究所から触媒を熟知している研究員を派遣し、トラブルの迅速な対応に当たらせたことはベンチ実験を成功させる上で極めて重要であった。その後、ベンチ実験結果をまとめ、生産技術センターに開発を引き継いだ。

　ラクタムを市場に出すためには品質が極めて重要であった。品質をユーザー各社で確認するため、1999年に5,000トン／年の実証プラントを建設した。設備稼働後、1年後に数十トンの製品を出荷し、ユーザーの合格評

事例1 ― 住友化学

価を得たため、本格プラントの設計に入った。

　失敗を恐れては研究開発できない。本研究は次のいずれか一つでも失敗すれば成功しなかった。「触媒とその製法」、「流動床用微粒子触媒製法」、「流動層システムの開発」、「精製法」、それぞれの成功確率2分の1（1/2）とすると、全ての技術が成功する確率は16分の1（1/16）となり、難しい研究開発と周りもみていたのも当然であった。

3．ダーウィンの海を乗り切った要因

　小実験が完成に近づいた1997年、常務取締役とイタリアのEniChemを訪問し、ラクタムの製造技術について意見交換した。EniChemはアンモキシメーション技術を開発しており、この技術と気相ベックマン転位を組み合わせば、硫安の出ないクリーンなカプロラクタムプロセスが完成する。ほどなく、契約が結ばれ、2003年4月、6万トン／年のプラントが建設された。開発から工業化まで19年かかったが、硫安を発生させない世界初のプロセスが稼働できた。

NOH

$+ NH_3 + H_2O_2 \longrightarrow$ 　$+ 2H_2O$

Ammoximation
Catalyst: TS-1

Vapor Phase Beckmann
Rearrangement
Catalyst: High Silica MFI

NH

4．事業継続（BCP）・発展の鍵

　住友化学のラクタム製造技術は全く硫安を副生しないことに特徴がある。従来法では必然的に発生する硫安の処理に排水処理費用が発生するものの、分離回収された硫安は化学肥料として利用可能で、これは化学肥料としての需要に応じてそれに見合った価格で取引されている。このためコ

107

スト優位性は硫安の価格にある程度の影響を受ける。

　一方、従来法は幾つか製法があるものの、例えばシクロヘキサノン、ヒドロキシルアミン、硫酸、アンモニアから製造される方法等がある。目的物の製造プロセスだけでなく、このような原料の違いにも注意を払っていく必要がある。

KSF

1. 研究テーマ決定までの経緯
- 環境問題から硫安の発生しないクリーンプロセスが求められていた
- 会社の主力事業の一つでプロセス革新による競争力強化が課題であった
- ZSM－5という新酸触媒の利用で気相ベックマン転位に成功

2. 魔の川、死の谷を乗り切った要因
- 触媒システム改良により高収率達成
- 流動層ベンチで触媒反応と再生技術の開発に成功
- 高品質製品の確保
- サポートしてくれる役員の存在
- 社内協調体制

3. ダーウィンの海を乗り切った要因
- EniChemのアンモキシメーション技術

4. 事業継続（BCP）・発展の鍵
- コスト競争力

受賞歴
1. グリーンサステナブルケミストリー賞（経済産業大臣賞）（2004年）
2. 日化協技術賞（総合賞）（2004年）
3. ＥＣＮ（European Chemical news）Inovetion Award（2004年）
4. 触媒学会賞（2005年）

事例1 ― 住友化学

5．日本化学会化学技術賞（2005年）
6．ものづくり日本大賞（経済産業大臣賞）（2005年）
7．大河内記念生産賞（2007年）

関連文献

1．H.Sato, N.Ishii, K.Hirose, S.Nakamura, *Proceedings 7th International Zeolite Congress*, 755（1986）
2．市橋宏、深尾正美、杉田啓介、鈴木達也、住友化学技術誌 2001-II 4-12
3．市橋宏、触媒、**43**, 555（2001）

事例2. インパネ用ウレタンビーズ（TUB）の開発 ─ 三洋化成工業株式会社

事例紹介者：前田 浩平

1. 研究テーマが決まるまでの経緯

ポリウレタンビーズ（TUB：熱可塑性ウレタンビーズ）の開発テーマを始めるそもそものきっかけは、1993年の研究本部長主催のウレタン樹脂研究部の業務ヒアリングの席であった。塗料用ウレタンエマルションの粒度分布について議論している中で、通常サブミクロンのウレタンエマルションの粒子を100ミクロン程度に大きくできれば、自動車内装部品のインスツルメントパネル（自動車内のフロント部分にある計器盤が入っている部品、以下インパネ）の表皮材に使用できるのではないか、探索テーマとして少し検討してみようということになり、担当者1名でスタートした。

当社は1980年代の中ごろからトヨタ自動車にウレタンフォーム用原料を納入しており、そのため自動車の内装材料に関して様々な情報が入ってくる関係にあった。その中で、ソフトインパネ（表皮、フォーム層、基材の3層構造）の表皮が軟質塩ビパウダーを使用してスラッシュ成形という工法で製造されていることが分かっていた。スラッシュ成形は粉体成形の一種で、インパネの形状をした金型を加熱したのちに約100ミクロンの熱可塑性樹脂パウダーを流し込み、回転させることで金型の隅々までパウダーを行き渡らせながら溶融させ表皮を形成する。その後金型を反転させて未溶融のパウダーを回収した後に金型を冷却して樹脂表皮を型からはがすことによりインパネの形状をした厚さ約1ミリメートルの表皮ができ上がる。このような成形法のために、スラッシュ成形に使用するパウダーは適切な熱溶融性と優れた粉体流動性が要求される。

当時の軟質塩ビパウダーは表皮のソフト感を出すために多量の可塑剤を

使用しており、そのため若干のベタツキ感があり、粉体流動性に課題を抱えていた。また、経時で可塑剤がフォーム層に移行するため表皮のソフト感が消失したり、表皮が収縮したりするなど性能面でも十分に満足できるものではなかった。このため、軟質塩ビに変わる可塑剤を使用しなくてもソフト感がある熱可塑性樹脂へ置き換えたいとのニーズがあることが分かっていた。

　先ずは、ウレタン樹脂をどのようにパウダー化するかについて検討を開始したが、当時主流のウレタン樹脂のペレットを粉砕する方法は、パウダーの形状が不定形となり粉体流動性が悪くスラッシュ成形には不適であり、球状の粒子を作る方法を模索した。

　試行錯誤の中から出てきたのが、アミンをケチミン化して混ぜる方法だった。ケチミン化の反応は可逆反応なので、多量の水存在下ではケチミンが解離してアミンを復元する。この反応が水の中でイソシアネート末端のプレポリマーを懸濁状態とした後に伸長反応を進めるプロセス（ケチミン伸長法）にピタリとはまり、テーマ開始から半年ほどで真球状の粒子を得る目途が立った。

ケチミン伸長法

$$\underset{\text{ケチミン}}{\overset{R'}{\underset{R''}{\diagdown}}C=N-R-N=C\overset{R'}{\underset{R''}{\diagup}} + 2H_2O \longrightarrow \underset{\text{ジアミン}}{H_2N-R-NH_2} + 2\ \underset{\text{ケトン}}{\overset{R'}{\underset{R''}{\diagdown}}C=O}}$$

$$\underset{\text{イソシアネート基末端プレポリマー}}{OCN\text{------}NCO} + \underset{\text{ジアミン}}{H_2N-R-NH_2} \longrightarrow \underset{\text{ウレア基含有ポリウレタン}}{\underset{\underset{O\quad H}{|\!|\quad |}}{-C\ N}\left[\underset{H\ O\ H\qquad H}{\overset{|\ |\!|\ |\qquad |}{N\ C\ N-R-N}}-\right]}$$

　この粒子をスラッシュ成形用の材料としてトヨタ自動車に提案したところ受け入れられ、具体的な材料開発に移った。

事例２ － 三洋化成工業

２．魔の川、死の谷を乗り切った要因

(1) 市場面

ユーザーは大手メーカーに的を絞っていたので、市場面での問題はなく、技術上の課題解決とコストとの戦いであった。

ウレタン樹脂はもともと破断伸びや破断強度は高く、ソフト感もあることから、インパネとして必要な要求性能（樹脂強度や伸びなど）をクリアすることは大きな問題とならなかったが、苦労したのが耐光耐熱性であった。

自動車のインパネ表面は地域や季節によっては100℃以上の温度となり、また直射日光も当たることから高い耐光耐熱性が要求された。スラッシュ成形工法で使用するために、ウレタン樹脂の構造は架橋構造の無い直鎖状とする必要があった。しかし、分子内に架橋構造が無いことで光と熱により劣化が進むと分子量はすぐに低下して、要求性能を満足しない課題に直面した。

成形時に架橋反応で高分子量化するアイディアが出て、ブロックイソシアネートを導入するなどのアイディアを試したがいずれもうまくいかず苦戦した。その後、光による劣化がラジカル反応で進んでいるのであれば、ラジカル反応性の化合物を添加してはどうかというアイディアから、別の部隊の製品であるUV硬化樹脂を添加して試したところ、あれだけ苦労した耐光耐熱性があっさりクリアできた。当社では当時からニーシーズ※開発を志向していたが、シーズの組み合わせがブレークスルーとなった。

(2) パイロット建設

材料の組成設計とともにポイントとなったのが、製造プロセスの確立であった。それまでは量産化プロセス開発を担当する部署は研究部門内にはなく、生産技術本部に所属していたのだが、本部間の壁からプロセス開発は滞り気味であった。開発スタートの２年後に組織が変更され、研究本部内にプロセス開発部隊が移され、製造プロセスの開発が促進されるきっか

※ニーシーズ：「ニーズ指向」と「シーズ指向」を合成した三洋化成工業独自の造語。詳しくは、事例８を参照

113

けとなった。この中で、粉体流動性の良い粒径分布を実現するための制御技術が確立できた。これにより、TUBは軟質塩ビパウダーに比べ均一で薄い膜厚の表皮が作ることができ、材料使用量の削減という形で課題であったコストもクリアできた。

ラボでの研究から、商品化を前提として京都工場にパイロット設備を建設、製造プロセス開発に苦労しながらも1999年には何とか年産1,000トンの目途がついて2000年8月発売のセルシオに搭載されることとなった。1997年にトヨタ自動車の初代プリウスが「21世紀に間に合いました」のコピーで人気を博していたが、このTUBも「21世紀に間に合った」商品の一つになった。

3. ダーウィンの海を乗り切った要因

セルシオ向け新製品の立ち上げが無事に完了し一息つけるかと思っていたが、休む間もなく新たな改良要望があった。

現在ではエアバックは運転席と助手席に加えて側面にも装備されるのが一般的となったが、当時は運転席のエアバックがようやく標準装備となり、助手席エアバックの普及が進んでいる時期であった。しかし、当時の助手席エアバックは蓋のような部品で覆われているか、エアバックが膨らむ際に表皮が切れるように太い溝が切込まれているのが通常であり、デザイン的には美しいものではなかった。

そのような中、デザイン的に差別化するためにインパネ表面からは助手席エアバックの切込み線が見えないインビジブルエアバックの検討が進んでいた。インビジブルエアバックは、表皮裏側に切込みをつけておき、エアバックが作動して膨らむ際に切り目を裂きながら表面にエアバックが展開する機構であった。このためインパネ表皮には、氷点下から高温まで正常に表皮が裂ける性能が要求された。特に厳しかったのは寒冷地を想定した試験で、マイナス40℃近くの環境でも表皮材が脆化することなく弾性を維持する必要があり、樹脂のTgはマイナス50℃程度まで低下させる必要

があった。

　セルシオに採用された材料のTgはマイナス30℃程度で約20℃低下させる必要があった。この時活用したのが、合成皮革用のウレタン樹脂の知見であった。合成皮革も寒冷地で使用されることがあり、低温での屈曲性をクリアするために樹脂のTgを下げる組成設計の知見があり、これを生かすことで目標をクリアできた。

　一方、競合の軟質塩ビパウダーは、可塑剤を使用することで軟化しているために初期のTgは低いが、老化試験後は可塑剤がウレタンフォーム層に移行してしまいTgが上昇する欠点があるため、当社の材料が優位に立てた。その後、コストダウン等も盛り込んだ改良材は2002年8月に上市された。

　改良材の開発とともに、新たな生産プラントの建設の話が持ち上がった。当初のセルシオ向け材料は生産数量が年間1,000トンもなく、研究所横の京都工場内にある設備で対応できたのだが、改良材は採用車種が増え、2,000トン／年以上の生産能力が必要となり、本格的な生産プラントの建設計画が始動した。

　プラントは、ユーザーの工場に近いということもあり愛知県東海市にある名古屋工場に決定し、当時先行して架台だけ建設してあったプラントを使用することになった。このプラントは名古屋工場の中で一番高く屋上は地上50メートルの高さがあり、屋上に登って周りを見渡すと名古屋駅前のタワービルから名古屋湾まで一望できる。

　新しく建設したプラントでの生産は難航し、生産技術のメンバーと研究開発のメンバーでプラント立ち上げ専任のグループを作って頂きようやく量産にこぎつけた。現在、生産技術と研究開発のコンカレントエンジニアリングは当たり前のように行われているが、当時そのような考え方もない中で、同じ思想でプラント設計に当たっていた。当社は全社的な課題が発生すると、プロジェクトと称して、対外発表はしない部門横断の時限組織

第2部　研究開発から事業化に至った事例から成功要因（KSF）を学ぶ

を作り、短期間で課題解決にあてさせる。今回もその一例であった。

2002年8月に新しいプラントで改良材の生産が始まってからは、トヨタ車での採用車種が順次増えていき、また、2005年には他の日系自動車メーカーでの採用も決まりこちらも採用車種が順次増えていった。供給数量拡大に合わせて、名古屋工場では第3次まで能力を増強し、最終的には年産8,000トンまで拡大した。また、北米向けの採用も増えたことから2006年には米国のヒューストンに最終工程だけであるが工場を作り、その後の北米圏向けの拠点となった。

自動車内装材料の設計方針は景気動向と大きく関係しており、バブル崩壊後と同様、2008年のリーマンショック後も同様にユーザーニーズはコストダウン一辺倒となり、安価な成形法、安価な原料を採用したインパネが一気に増えた。ソフトタイプのインパネでも軟質塩ビパウダーに後戻りするユーザーが増えた。当社のTUBを使用したスラッシュ成形工法のインパネは次第に減少していった。

しかし、2010年あたりから再び風向きはまた変わる。この時期から魅せるインパネということで高級感を追求する設計方針に変わっていった。具体的にはインパネ表皮に縫い目を入れてアクセントを付けるリアルステッチという技術で、これを実現するには、インパネ表皮材に経時で寸法収縮がないことが要求される。表皮が経時で収縮すると縫い目が裂けるという不具合につながるためである。競合の軟質塩ビは、経時で可塑剤がフォーム層に移行するために表皮の収縮が大きく、リアルステッチに耐えられない。一方、当社ウレタンは可塑剤をほとんど使用していないために表皮が収縮せず、リアルステッチに適用できる材料として注目を浴びたのである。

また、この時期から自動車の環境対策、燃費向上が声高に叫ばれるようになり、自動車もCO_2の排出削減がメーカー間で競われ始めた。自動車部品全てが軽量化の対象となる中で、当社はリアルステッチに適し、高強度化することで薄膜化できることをコンセプトに第3世代の材料開発を行った。この開発においては、材料開発と同時にプロセスの抜本的見直しも行っ

116

た。着色方法を従来の中間原料段階で着色する方法（原着）から、製品化の最終段階で着手する方法（後着）に変更することに成功したのである。未着色のパウダーをどんどん作って、ユーザー毎に色付け、組成の微調整が可能になった。これでようやくグローバルに展開できる材料に近づいたと考えている。2015年に無事製品化にこぎつけ、従来の日系自動車メーカーでの採用に加え、新たに海外系自動車メーカーでの採用につながっている。

4．事業継続（BCP）・発展の鍵

　材料開発においては数々の技術ハードルを越える必要があるが、その際には外部の環境にも大きく影響を受ける。その中で大きな事業につながる商品というのは、外部環境の変化による新たなニーズに対応できて生き残った商品だといえる。また、数々の競合材料との刺激の中でより製品の完成度が高まり、また新たなニーズにつながる好循環の中で技術や市場が発展していく。TUBは常に技術をブラッシュアップしてきたことで、この流れにうまくマッチできた商品といえると思う。

　自動車が誕生して200年、ガソリンエンジンの自動車が誕生して既に100年が経過しているが、今も自動車は進化している。ガソリンエンジンからEV（電気自動車）への動きは鮮明になっており、また、自動運転の技術開発も盛んに行われてきている。このような背景の中、自動車に使用される部品にも新たなニーズが生まれてきている。材料開発をする者として、この流れに呼応した新たな機能を持った材料の開発が事業継続と考えている。

第2部　研究開発から事業化に至った事例から成功要因（KSF）を学ぶ

KSF

1. 研究テーマが決まるまでの経緯

- 市場ニーズは明確に把握していた
- プロセス（水中伸長法）のアイディアがピタリとはまった

2. 魔の川、死の谷を乗り切った要因

- 課題はコストと耐光安定性
- 耐光安定性は分解メカニズムをトラップするアイディアから解決
- 製造プロセスを開発する部隊を設置
- プロセス検証のためのパイロットプラントを新設

3. ダーウィンの海を乗り切った要因

- 新たなニーズへの対応（既存技術の応用）により採用車種拡大
- 本格プラント立ち上げのトラブルをコンカレントエンジニアリングで克服
- 時代のニーズ（軽量化、デザイン性向上）を盛り込んだ改良材
- 改良材開発では必ずコストダウンを盛り込む

4. 事業継続（BCP）・発展の鍵

- 競合に勝ち抜くには常に製品の完成度を高めること

受賞歴

1. 高分子学会賞（2005年）
2. 第53回京都府発明等功労者表彰（2009年）

関連文献

1. 大森英樹、松浦一成『塗装と塗料』1月号、p27（2002年）
2. 大森英樹『日経Automotive Technology』3月号、p102（2014年）
3. 斎藤晃一『Polyfile』2月号、p100（2014年）
4. 特許2623221
5. 特許5681498

事例3. 光学分割用キラルカラムの開発
― 株式会社ダイセル

事例紹介者：渡加 裕三

1. 研究テーマ決定までの経緯

　この研究開発テーマは、1980年秋、大阪大学基礎工学部 結城平明教授（ダイセル・4代目社長のご子息）が総合研究所に来社され、「螺旋を巻いた光学活性な新規ポリマーであるポリ（トリフェニルメチルメタアクリレート）を大孔径シリカゲルの表面にコーティングしHPLC用カラム充填剤として用いると多くのラセミ体が光学分割できたので連携して工業化に取り組みませんか」との提案を頂いたのがきっかけとなった。以降、知的財産グループの強力なバックアップを受けながら、この分野での技術開発の現状分析を研究者（国内外の大学、企業の研究者）への直接面談を行いながら進め、また調査会社からヒアリング（この時点で3種類の製品が試験的に市販されていた）などして市場ポテンシャルの分析も進め、その中間報告をもとに当初は2名の研究員（その後ピーク時で研究補助員も含めて約15名）で進めることで1982年3月の経営会議で正式に研究テーマとして承認された。

2. 魔の川、死の谷を乗り切った要因

　大学と連携し上述のポリ（トリフェニルメチルメタアクリレート）およびその類似ポリマーについての光学分割機能の探索を進める一方、1979年から1980年にかけて発表された医薬品が引き起こした人類史上最大の悲劇として語り継がれているサリドマイド（ラセミ体）のHPLCによる光学分割に成功したとの論文に触発（ドイツ駐在中にサリドマイド薬禍の恐ろしさを実感していた）された。さらに1973年に発表された「不均一反応系でセルロースをアセチル化して得られる微結晶三酢酸セルロースを充填したキラ

第2部　研究開発から事業化に至った事例から成功要因（KSF）を学ぶ

ルカラムは多くのラセミ体を光学分割する能力を有する、しかし溶解再生によってその能力は失われた」との論文に着目、ダイセルは創業以来セルロース化学をコアテクノロジーとしているだけに種々検討した結果、均一反応系で得られる三酢酸セルロースでもその高次構造を制御すれば優れた光学分割能を有することがセルロース研究室で発見された。このブレークスルーによって、主としてダイセルではセルロースエステル誘導体を、大学ではカルバメート誘導体を検討し広範囲なラセミ化合物の光学分割が可能となり、さらにセルロース以外の多糖でも検討が行われ、特にアミロースのカルバメート誘導体が特異な光学分割機能を有することが大学側で発見された。並行して戦略的に世界市場を見据えた特許出願が推進されたが、これらの発見によって市場開発に必要な合計10種類（当時）のキラルカラムを取り揃えることができた（**右図**参照）。また、研究の進捗に応じて、高分子合成や有機合成、セルロース化学、物性・分析化学などの専門家が逐次参画してきたことも二つのゲートをクリアする大きな要因となった。

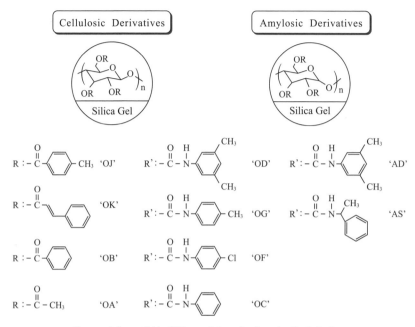

Commercially available CSPs consisting of polysaccharide derivatives

工業化されたHPLCによる光学分割用多糖誘導体固定相

3．ダーウィンの海を乗り切った要因

　光学分割は、溶媒に溶けた光学異性体が、規則的な三次元空間を有するキラル固定相に吸着される時に生ずる極めて小さいエネルギー差を利用するため、工業生産には一定の品質を備えた製品を生産していくための製造技術や品質管理技術の確立に多大な努力が払われ、研究開発グループと生産技術開発グループの綿密な連携作業によって工業化プラントの建設が成し遂げられた。製品の性格上、B to C のビジネスモデルであり、グローバル市場開発にはそれほどの困難は伴わなかった。

第2部　研究開発から事業化に至った事例から成功要因（KSF）を学ぶ

4. 事業継続（BCP）・発展の鍵

　上記、多糖を利用したキラルカラム以外に顧客の要望に応えるため、国内外の拠点でクラウンエーテルを利用したカラム、配位子交換型カラム、糖タンパク質結合型カラム、ポリメタアクリレートカラムなどの様々なキラルカラム、さらに多糖誘導体にも順相用に加え逆相用カラム、それぞれの高段数カラム、耐溶剤型カラム、SFC（CO_2など超臨界流体を移動相に利用するクロマトグラフィー）用カラムなどが精力的に開発された。また、分析から分取カラム、そして年間トンオーダーの光学分割が可能な生産技術（疑似移動床法）も確立した。ダイセルのキラルカラムの事業は非常にニッチな事業ではあるが日本以外に、アメリカ、フランス、中国、インドなど地域に応じて製造・販売・テクニカルサービス・研究開発の拠点を持ち、今や世界市場の70％近く（推定）を占めるに至っている。

　総じて、短い期間に工業化に成功した要因として、大学側（現、岡本佳男名古屋大学名誉教授を中心とした研究チーム）の絶えざる発見と学術的貢献もさることながら、幸運な人脈の上に市場ニーズの高まりと産学協働で集中的に研究開発に取り組んだ時期がベストタイミングであったことに集約される。なお、この事例紹介は、研究開発の当初から事業化に至るまで長年ご尽力された柴田徹博士および岡本一郎氏から多くのご教示を頂いてまとめたものであり茲に深く感謝の意を表したい。

事例3 － ダイセル

KSF

1. 研究テーマ決定までの経緯

- ・経営上層部と親しい大学教授からのタイムリーな共同開発提案
- ・国内外の技術開発の現状と市場ポテンシャルについての綿密な事前調査と知財グループの積極的な関与

2. 魔の川・死の谷を乗り切った要因

- ・産学の信頼関係の醸成と明確な役割分担
- ・大学側の絶えざる学術的成果と企業側への権利譲渡
- ・企業側でのコアテクノロジーの応用と技術的ブレークスルー
- ・研究分野の異なる専門家（研究者）集団の積極的な参画と外部発表
- ・産学共同で戦略的グローバル特許出願
- ・生産技術開発グループの参画

3. ダーウィンの海を乗り切った要因

- ・工場生産グループの参画と連携
- ・新規顧客（企業と大学・各種研究機関）の組織的開拓
- ・国内外における製造・販売（テクニカルサービス）・研究開発拠点の構築

4. 事業継続（BCP）・発展の鍵

- ・顧客の要望を先取りした多種製品の開発と上市
- ・テクニカルサービス体制の充実
- ・グローバル事業運営のトップに外国人専門家を起用

第2部　研究開発から事業化に至った事例から成功要因（KSF）を学ぶ

受賞歴

1．近畿化学協会化学技術賞（1986年）
2．繊維学会技術賞（1987年）
3．日本化学会技術賞（1990年）
4．日本分析化学会特別優良企業賞（2005年）
5．クロマトグラフィー科学会企業貢献賞（2009年）
6．セルロース学会技術賞（2015年）

関連文献

1．H. Yuki, Y. Okamoto, and I. Okamoto, *J. Am. Chem. Soc.*, **102**, 6356（1980）
2．A. Ichida, T. Shibata, I. Okamoto, Y. Yuki, H. Namikoshi, and Y. Toga, *Chromatographia.*, **19**, 280（1984）
3．山岸和夫、渡加裕三、有機合成化学協会誌、**44**，476（1986）
4．渡加裕三、近畿化学工業界、**66**, No.9, 9（2014）

事例4. ガスバリア性樹脂エバール®の開発
── 株式会社クラレ

事例紹介者：吉村 典昭

1. 研究テーマ決定までの経緯

(1) 社内要因

クラレはビニロン繊維の成功により、1961年に原料ポバールの販売を開始すべくポバール販売部を設置した。ポバールをビニロンと並ぶ大きな事業にするために、ポバールの変性による新規市場開拓が活発に行われた。一方、1957年、酢酸ビニルとコモノマーを共重合させ、これをケン化して、ポバール共重合体を合成し、これを熔融紡糸してポバールのアセタール化を省略したより低コストの合成繊維の開発を始めていた。ポバールを熔融紡糸するために、親水性を低減する目的で各種コモノマーを共重合させている中で、エチレンを共重合させた場合にのみ、結晶性を持つ珍しいポリマーが得られることを見出した。研究開発のトップから、このポリマーは値段も高かったので、糸向けではなく、フィルム向けに用途開発するよう命じられた。フィルムとしての研究を続けるうちに、ポバールそのものは湿度が上がるとガスバリア性は急激に低下するが、エチレンで変性したポバールは、通常の湿度下で高度なガスバリア性能を維持することが明らかになった。

(2) 社外要因

当時は食品を保存するために、缶や瓶が使われていた。酸化による風味低下を手軽に防ぐ方法がなかったため、例えば、鰹節などは料理の直前に削り節を作って使用していた。世の中では手軽に食品の酸化を防ぐ保存手段が望まれていた。

第2部　研究開発から事業化に至った事例から成功要因（KSF）を学ぶ

２．魔の川、死の谷を乗り切った要因

1964年、食品包装材としての開発を目指し、大手容器加工メーカーとの共同開発をスタートさせた。難題として立ちはだかったのが、ガス透過性データをいかに精度よく取得するかであった。大学の研究グループの協力を得ながら手作りでガラス製測定器を作り、約２年に亘る測定を行った結果、このフィルムの優れたガスバリア性を立証することに成功した。1966年に、この結果をもとに、食品包装用途の基本特許を出願し、工業化に向けた取り組みを開始した。

量産化技術の開発は、多額の投資を要するため、社内では常に「中断か継続か」が議論され、30名いた研究開発者が２名にまで減らされた時期もあった。こうした中で、社長は「やめるのは簡単だ。将来の企業体系を考慮し、止めさせるのは１年先でよい。充分検討せよ」との指示があり、研究者の背中を押してくれた。わずか１年後の1968年、商品化の技術的目途が立ち、翌年に日産200キログラムの試験プラントが完成した。同時に商標名が「エバール®」に決定した。基礎研究を開始して15年の歳月を費やしていた。

３．ダーウィンの海を乗り切った要因

「エバール®」は、ポリエチレンやポリプロピレンなどとの複合により、先ず、かつお削り節パックを市場に出した。当時、かつおパックは「削りたての風味をそのまま食卓に」で大ヒットした。さらに市場が拡大した背景には、共押し出しという加工技術の革新が世の中に生まれたことにある。従来は、ユーザーがポリエチレンやポリプロピレンとエバールをラミネートした複合材を加工しなければならなかったが、共押し出し加工技術でその手間が省け、マヨネーズ、ケチャップ、ソース、食用油などの食品や薬品の容器などとして、急速に販路を広げていった。

「エバール®」はクラレのポバール事業のグローバル化を先導する役割も果たした。アメリカ進出での大きな壁は食品包装材ゆえ人体への安全性を

証明し、FDA（アメリカ食品医薬品局）の認可を得なければならなかったことである。アメリカへの進出は1982年にスタートし、瞬く間に全米に認知され、需要が急増した。翌年には、アメリカに合弁会社を設立し、社長が将来性を予測して、一挙に年産1万トンの大規模プラントをヒューストンに建設した。

4．事業継続（BCP）・発展の鍵

「エバール®」はアメリカのみならず欧州でも需要が拡大し、日米欧の3極体制が強化され、より迅速な市場対応を可能にした。

一方、「エバール®」の発展は環境問題への対応にも貢献し、PVC残存モノマー問題、酸性雨を背景にしたPVDC，PVC代替の動き、大気浄化法改正、などに対して「エバール®」が代替素材として貢献してきた。とりわけ、1992年にスタートした自動車燃料タンクの開発は、いち早くニーズをキャッチした結果であり、ガソリンの揮発防止と軽量化に結びつき、新規大型需要の開拓に成功した。

世界の市場には、気体やガソリンだけでなく、におい、熱、汚れ、光線など多種多様なものに対するバリアニーズが存在する。こうしたバリアニーズに対応できる技術を提供し、世界のバリア素材をリードし続けている。

第2部　研究開発から事業化に至った事例から成功要因（KSF）を学ぶ

KSF

1. 研究テーマ決定までの経緯
- 社内の研究開発戦略に合致
- 共重合体に新機能の発見

2. 魔の川、死の谷を乗り切った要因
- 分析技術の確立
- 生産技術開発に成功
- パイロットプラントの設置
- 他社との共同開発

3. ダーウィンの海を乗り切った要因
- 新規市場の拡大と生活様式の変化
- 共押し出し技術の出現

4. 事業継続（BCP）・発展の鍵
- グローバルに対応できる体制
- 最適生産基地の拡大
- 新規バリア用途の開発

受賞歴

高分子学会賞（1975年）

関連文献

上記内容は下記文献に基づき書いたものである。

1. a)鎌田麗子『戦後復興と大原総一郎』成文堂(2012年). b)山田幸三『新事業開発の戦略と組織』白桃書房(2000年). c)クラレ80周年の軌跡『創新』クラレ(2006年)
2. a)岩崎博四、高分子、28, 649(1979)、b) 猪狩恭一郎、日本包装学会誌、22, No.1、81(2013).
3. クラレ80周年の軌跡『創新』クラレ(2006年)

事例5. 耐熱性ポリアミド樹脂ジェネスタ®の開発
― 株式会社クラレ

事例紹介者：吉村 典昭

1．研究テーマ決定までの経緯

(1) 社内要因

　1971年クラレは繊維産業からの脱皮の一貫として石油化学産業への進出を決断し、イソプレン事業に参入した。化学産業分野で更なる拡大を目指していたことから、中央研究所においてブタジエン事業を起こし総合的なジエン事業の展開を計ろうと考えた。そこで、当時、世界の化学会社が技術開発にチャレンジしていたが、成功していなかったブタジエンの直鎖二量化反応によるC8化合物の製法開発に挑戦した。1979年、これまでの技術課題を解決した水中で貴金属触媒反応を行う画期的な方法を見出し、基本特許を出願しベンチ実験を開始した。しかしながら、この頃、イソプレン事業はオイルショックなどもあって競争力を失い、事業撤退すべきかどうかの決断に迫られていた。ブタジエンの研究開発は中止に追い込まれ、イソプレン事業を救済するための研究を模索した。合成ゴムに代わる量が見込める新しい高分子原料の開発を目指し、イソプレン合成中間体をヒドロホルミル化反応（オレフィンにCO／H_2を反応させて炭素数が一つ増えたアルデヒドを合成する反応：オキソ反応とも呼ばれる）して3－メチル－1,5－ペンタンジオール（MPD）を合成する研究に着手した。MPDは高い加水分解性を示す液状のポリエステル原料となり、社内外で用途開発が進み、1987年これを事業化（DO事業）した。DO事業の創出により新規な高活性触媒[1]の実証と従来にない汎用性の高いヒドロホルミル化反応プラントの保有ができ、これがジェネスタ®事業創出の重要な鍵となる。MPDの開発に成功したこともあり、ブタジエンの研究開発が再び許された。高分子誘導

第2部　研究開発から事業化に至った事例から成功要因（KSF）を学ぶ

体の開発には時間がかかるため、既存市場があり量も見込める1-オクタノールの事業化によるブタジエン二量化プラントの設置を目指した。当時、塩ビの可塑剤用として約100万トン／年生産されていた2-エチルヘキサノールが発がん性問題を抱えていたため、これより性能の良い1-オクタノールが安価に製造できれば代替可能と判断したからである。1991年世界で初めてブタジエン法1-オクタノールの工業化に成功した。数々の技術課題の解決については下記文献[2]に詳細に報告されているので、ここでは割愛する。

　二量化反応および先に開発したヒドロホルミル化反応のプラント保有により、ブタジエン二量化反応生成物からより付加価値の見込める高分子原料を本格的に開発できる環境が整った。誘導体開発のターゲットに想定し特許出願も終えていた、アゼライン酸、ノナンジオールおよびノナンジアミンに関して、第一次市場調査を行った。ノナンジオールはDO事業の中で開発することにした。アゼライン酸は数万トンの市場があったが、これ以上の成長性が見込めないのでペンディングにした。ノナンジアミンについては、アジピン酸と縮合してポリアミド96を作成し評価したが、大きな特徴は見出せなかった。しかしながらこの時、疑問に感じたことは、ポリエステルの分野では芳香族のテレフタル酸が酸成分として大量に使われ、安価にも関わらず、なぜ、安価なテレフタル酸がポリアミドの原料として使われていないのかということであった。市場で、この件についてヒアリングした結果、思いがけない答えが返ってきた。

　ジアミンの炭素数とテレフタル酸との共重合ポリアミドの融点については教科書に記載されており、ヘキサメチレンジアミンとのポリアミド6Tは炭素数9のジアミンとのポリアミド9Tより融点が高く耐熱性で勝っているので、戦っても意味がないと開発対象から除外していた。しかしながら、市場で聞いたところ、溶融成型の際に350℃以上に上がるとポリアミドが熱劣化するため、ポリアミド6Tはそのままでは溶融成型できない。そこで、第3成分を混ぜて融点を下げざるを得ないため、本来の物性が大

130

きく犠牲になっているとのことであった。ポリアミド9Tは融点が310℃なので、溶融成型の観点から見れば世界最高の耐熱性を有した溶融成型加工可能なポリアミドであることが分かった。

(2) 社外要因

　長鎖脂肪族ジアミンおよびそのポリアミドが工業化された例はなかった。市場では高耐熱性のPPSなどの熱可塑性樹脂市場がエレクトロニクス分野や自動車分野などで需要が拡大しつつあった。このような中でテレフタル酸を用いたポリアミド6Tがデュポンや三井化学で作られ始め、表面実装用のポリマーとして需要を伸ばし始めていた。表面実装技術とは、コネクターを配線基板に固定する場合に、従来は基盤に穴をあけ、リードワイヤーを穴に通してコネクターに熱がかからないように裏から半田付けしていたが、生産性の低さが問題になっていた。これを改良する方法として半田付け温度に耐える耐熱性の高い樹脂で作ったコネクターに直接半田を付け、これを基盤に置いて、コネクターごと熱をかけ接着する技術である。この技術により生産性と小型化が一挙に進み始めた。電子機器の小型化にともない、コネクターの形状も複雑になり、より高性能な樹脂が求められ、既存樹脂では要求に応えられなくなっていた。

2．魔の川、死の谷を乗り切った要因

　ブタジエンと水を反応して得られた炭素数8のオクタ－2,7－ジエン－1－オール（先行して事業化した1－オクタノールの製造中間体）から二官能性のポリマー原料を得るために、末端二重結合に対してDO事業で開発した新規触媒でヒドロホルミル化反応して炭素数を一つ増やした化合物を合成した。得られた両末端に官能基を有したC9化合物を還元アミノ化することによりジェネスタ®のモノマー原料となる1,9－ノナンジアミンに誘導した。工程数が多いため、各工程とも極めて高い収率が求められたが、新触媒の発明と反応条件の最適化により解決した。ジェネスタ®の開発では、二量化反応プラントとヒドロホルミル化反応プラントを先行して保有でき

第2部　研究開発から事業化に至った事例から成功要因（KSF）を学ぶ

たことが、技術開発面でも設備投資面でも成功に繋がった。

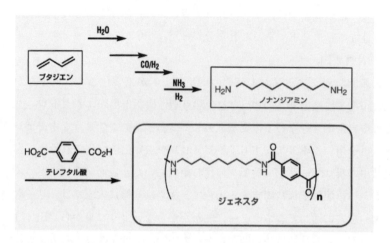

　市場開発上の課題はいかにして開発用サンプルを確保するかであった。新規事業ではサンプルが確保できなければプロジェクトは終わってしまう。ブタジエンの二量化反応およびヒドロホルミル化反応装置は既に保有していたが、アンモニアとの反応による還元アミノ化反応、およびテレフタル酸との固相重合をどうするかが開発の大きな壁になった。それぞれの反応はその分野を得意とする特殊な会社に頼まざるを得なかった。将来、競合相手になる会社もあったが、相手にも多少顔の立つ条件を提示し、どうにか試作に協力してもらうことができた。重合の外注では、ポリマーは精製ができないため製造条件の違いにより望む品質の製品が得られず苦労した。製品の同一性に注意を払っておかなければ事業化した際に市場で問題になることがある。
　ポリアミド9Tは耐熱性、成型性に優れることが市場で確認されたので投資提案した。反応工程が長いため多額の投資を必要とし、当面の販売対象がコネクターと小さな部品材料であることもあって、社内には反対意見も多かった。リスクを伴う新事業を推し進める上で、将来性を理解し支援してくれる取締役の存在は大きかった。社長にも個別に何回も説明した。

事例5 － クラレ

専門家でない経営者に対しては、平易・簡潔に技術説明する工夫もいるし、特に、事業性判断に重要な、コスト競争力、独自性、将来性を市場環境に基づいて十分説明することが重要である。

3．ダーウィンの海を乗り切った要因

ジェネスタ®は各工程が未経験の反応ゆえプラント立ち上げ時にはトラブルも多発したが、研究開発者が現場に駐在し、生産部と共同で迅速にトラブルを解決することにより、生産技術が確立されていった。

1997年に製造開始したポリアミド9Tはコネクター市場に受け入れられた[3]。携帯電話などの変化の激しい市場では採用までの試験期間が短いことも幸いした。市場が拡大するに伴いユーザーからコストダウンとますます高い性能が要求されたが、生産技術者による生産コストの低減努力や技術サービス部隊によるポリマーの改質努力によって市場ニーズに答えた。一方、市場規模の大きな自動車用途に繋げるためには、長期に亘る評価期間を支える製品群が不可欠になる。インターネットを通じて詳細な製品情報を特定顧客に解放することにより、開発効率を高め用途拡大を計った。現在、ポリアミド9Tは「ジェネスタ®」の商品名で電子部品はもちろん、徐々に自動車用途へも拡大しており、1万トンを超えるポリマーに成長している。

4．事業継続（BCP）・発展の鍵

今後の拡大には、絶えざるコストダウンと用途に応じたポリマーの改良を続ける必要がある。特に、世界に販売を広げるためには、安価なブタジエン原料の安定的確保や世界二極以上での生産、並びに海外における市場開発や技術サービスの拠点の充実が必要である。海外でのプラント設置計画も進められている。

第2部　研究開発から事業化に至った事例から成功要因（KSF）を学ぶ

```
┌─────────────────────────────────────────────────┐
│                   ▟ KSF ▙                          │
│                                                     │
│   1. 研究テーマ決定までの経緯                         │
│    ・会社が繊維から化学産業への転換を目指していた       │
│    ・ブタジエン直鎖二量化反応の工業化に世界中の企業が挑戦して│
│     いた                                            │
│    ・MPDの事業化による新触媒の工業的実証とヒドロホルミル化反│
│     応プラントの保有                                  │
│    ・1－オクタノールの事業化によるブタジエン二量化反応プラント│
│     の保有                                           │
│    ・ポリアミド9Tが最高の熱可塑性樹脂であることが市場で確認で│
│     きた                                            │
│                                                     │
│   2. 魔の川、死の谷を乗り切った要因                    │
│    ・市場評価用サンプルの確保が他社の協力でできた        │
│    ・新触媒の開発による収率向上                        │
│    ・サポートしてくれる重役や他部署の協力               │
│                                                     │
│   3. ダーウィンの海を乗り切った要因                    │
│    ・研究者の駐在による現場問題点の迅速な解決            │
│    ・耐熱性熱可塑性樹脂市場の拡大および品揃え            │
│    ・技術サービスの充実                               │
│                                                     │
│   4. 事業継続（BCP）・発展の鍵                        │
│    ・海外進出の拡大および海外プラントの設置             │
│    ・新規用途の開発と品質向上                          │
│                                                     │
└─────────────────────────────────────────────────┘
```

受賞歴

1. 日本化学会化学技術賞（2003年）
2. 触媒学会賞（2005年）
3. 高分子学会賞（2012年）

４．山陽技術賞（2001年）

関連文献

１．a) 吉村典昭、鈴木繁昭、触媒、**39**，341（1997）. b) 吉村典昭「貴金属錯体触媒」『触媒の劣化原因解明と防止対策』村上雄一監修、技術情報協会、p176（2006年）
２．a) 吉村典昭、時任康雄、ペトロテック、**16**，341（1993）. b) N.Yoshimura, "*Aquious-Phas Orgamometallic Catalysis*" ed.by B.Cornils，W.A.Hermann，WILEY-VCH，4088（1998）
３．柏村次史、「世界のトップビジネス　クラレ耐熱性ポリアミド：ジェネスタ」『化学経済』、12月号，p38，化学工業日報社（2007年）

事例6. 省燃費タイヤ用シランカップリング剤の開発
── 株式会社大阪ソーダ

事例紹介者：山田 聿男

1．研究テーマ決定までの経緯

1990年前半、急激な円高により、安価な海外品の流入、国内メーカーの海外移転が相次いでいた。当時、担当営業品目は塩素化ポリエチレン（CPE）やエピクロルヒドリンゴム（ECO）などであった。CPEはPVCやABS樹脂の改質剤、電線被覆剤に使用されている。本事業においては、安価な海外品の流入、輸出競争力の低下により、事業存続の危機に面していた。一方、大阪ソーダでは世界のシランカップリング剤メーカーにその中間原料であるアリルクロライドやアリルグリシジルエーテルを供給している。

このような状況下、情報雑誌に、ミシュラン社が開発したグリーンタイヤは、省燃費性およびウェットグリップ性に優れていて、欧州で急激に伸びているとの記事があった。

当時、タイヤ技術においては省燃費性と制動性の改善は、相反関係にあるされていたが、通常、タイヤに使用されるカーボンブラックをシリカに置き換え、ゴムとシリカを化学的に結合できるスルフィド系シランカップリング剤（SCAと略す）を用いると省燃費性およびウェットグリップ性に優れたタイヤが得られるとのことであった。

このようなタイヤにすると、乗用車では3－5％、トラックでは6－8％の燃費の削減となり、全世界の原油の使用量および炭酸ガスの排出量に換算すると1.2％もの削減になる。

大学の後輩であるオーツタイヤの技術部長に聴取したところ、今後当該タイヤは、国内でも急速に伸びるであろうとの見解であった。

そこで、国内の各タイヤメーカーに状況を聴取したところ各社共、まさ

第2部　研究開発から事業化に至った事例から成功要因（KSF）を学ぶ

にシリカ配合タイヤの量産時期に差し掛かっている状況で、当該SCAの供給不足が懸念されていた。

また既存のSCAでの高温、高速練りでは、生産性に問題があり、その要求を満たすモディファイしたSCAの開発の最中であった。

SCAをタイヤ業界に販売するためには、第一に、新規製造法で且つ安価な製法である必要があり、第二にSCAを使用したシリカ配合ゴムの評価技術の確立との目標を立てた。

第一の製法開発に関しては、硫黄化学に見識のある大阪府立大学の高田教授（現 東京工業大学）を化学物質評価研究機構の方から紹介頂き、1997年9月、正式に開発テーマになった。同教授とは、間接的な知人も多く、本テーマに興味を示され、秋口から毎月、中百舌駅前にて飲食しながら開発方針を相談した結果、本SCAの製造のポイントは無水多硫化ソーダをいかに安価に得ることであるとの結論に至り、金属ソーダと硫黄を直接反応させることが効果的であるとの見解で一致した。大阪ソーダでは、他社の各種製法のトレースなどを行い概略の製造コストは把握していた。酸化物質と還元物質の危険な反応であるため、学生が居ない1998年正月に高田教授が自ら実験し特殊なエーテル系溶媒で容易に本反応が進むことを見出した。その反応機構を**右図**に示す。（特開2000-103794）

事例6 － 大阪ソーダ

$Na + S_8 \longrightarrow$ ……

$$\xrightarrow{\text{random S-S cleavage}} \cdots Na_2S_{n-1} + Na_2S_n + Na_2S_{n+1} \cdots$$

$Na_2S_n \xrightarrow{S_8}$ ……

$$\xrightarrow{\text{random S-S cleavage}} \cdots Na_2S_{n-1} + Na_2S_n + Na_2S_{n+1} \cdots$$

エーテル系溶媒での多硫化ソーダの生成機構

第二のSCAを使用したシリカ配合ゴムの評価技術については、通常の
ゴム加工機や測定機などは既に社内にあり一部の測定を外部で行うことに
よりある程度の評価が可能であることが分かった。

２．魔の川を乗り切った要因

エーテル系溶媒中で無水多硫化ソーダを製造し、続いてクロロプロピル
トリエトキシシラン（CPTES）を添加することで、反応がワンポットで終
了するため、より安価に製造できる。

しかし、実験室にて火災が起こった。原因は、釜効率を上げるため仕込
み増しを行い過ぎ、多硫化ソーダの反応生成エネルギーを溶媒の気化熱で
吸収できなくなり、反応熱のコントロールができていなかったことが判明
し、適切な製造条件を見出した。

第2部　研究開発から事業化に至った事例から成功要因（KSF）を学ぶ

3．死の谷を乗り切った要因

一方、1998年日本化学会秋季年会での高田教授による当該技術の発表は新聞にも報道され、それなりの注目を浴び、タイヤメーカーからも早期事業化の要請もあった。

事業化時期を促進させる方法として外部研究開発資金の導入を試み、幸いなことに二度目の申請で現近畿経済産業局の新規産業創造技術開発費を1999年度から頂けることとなり多大な促進効果となった。本開発費の申請に当たり、タイヤを省燃費化することによる石油資源の削減およびそれに伴う炭酸ガスの削減効果をPRした。本研究開発費によりパイロットプラント、シリカの反応性の解明の機器、タイヤ評価技術機器などが導入され、本開発テーマは本社の設計部隊および工場の技術課を巻き込み開発速度が一気に上がった。

4．ダーウィンの海を乗り切った要因

大阪ソーダでは有機系の製品は松山工場での製造が通常であったが、金属ソーダを用いる反応であるため工場側から難色が示された。一方、尼崎工場では、製造していたCPE事業の撤退が決定していたため、工場側からできれば尼崎工場で製造したいとの申し入れがあり、経営陣に図り事業化の承認を得て、2001年よりの操業を目指しプラント建設を開始した。高田教授が当初実験を行った10ミリリットルスケールから実に1,000万倍強のスケールのプラントが完成し、試運転を行ったが、重大な問題が発生した。

その原因究明および対策に研究員は二交替勤務で実験に当たり、実験結果が出る毎、朝夕に打ち合せを行い、次の実験方針を決め、一週間程度で結果を出し、プラントの手直し方針を決定した。予定より3カ月遅れての竣工となり、4月には製品出荷が果たせた。

140

事例6 － 大阪ソーダ

5．事業継続（BCP）・発展の鍵

　大阪ソーダは、ECOなどの販売を通じ、工業用ゴム分野では、それなりの知名度があったが、タイヤ用途には、販売実績が無かった。業界への知名度向上のため、日本ゴム協会、各地の工業試験場などの関連先などで講演を行った。例えば、過去のゴム用シランカップリング剤の文献を調査し、SCAとの比較（一部大阪ソーダでのデータ追加）や本製法の特徴など、また独自で得たSCAの効果や使用方法の講演を年に二回程度行った。

　商品名をカブラスCABRUS® (Coupling Agent for Bonding Rubber and Silica) とし、各タイヤメーカー別のデリバリーシステムを確立し、順調に出荷量は増えていったが、秋には海外メーカーの参入があり、販売競争が激化し、一層の原価低減を行い、2008年にはさらに増設を行った。

　本研究開発は、当初は既存の社内研究開発体制には無く、業界情報により個人的にスタートしたが、徐々に、開発スタッフを増員しながら、外部資金を導入することにより、進捗して行ったが、しかしトータルでの会社組織および人材が無ければ、決して達成できるものではなく、その意味では、典型的な産官学の共同事業であると言える。

　各方面の方々に本稿を持って御礼申し上げます。

第2部　研究開発から事業化に至った事例から成功要因（KSF）を学ぶ

KSF

1．研究テーマ決定までの経緯

- ・需要の進展が予測されるグリーンタイヤに使用されるSCAの供給メーカーは世界で1社であり、タイヤ業界はニューカマーを望んでいた
- ・社内ではCPE事業からの撤退決定もあり、新規事業を模索していた
- ・新規なSCAの基本製造技術が大阪府立大学で開発された

2．魔の川、死の谷を乗り切った要因

- ・多硫化ソーダの反応エネルギーの制御が可能になった
- ・近畿経済産業局よりの新規産業創造技術開発費の獲得
- ・サポートしてくれる役員や他部署の協力

3．ダーウィンの海を乗り切った要因

- ・当社の事業化の進捗状況を顧客に適時知らせ、顧客からの情報も得た
- ・パイロットプラントでの製品評価が順調に進んだ
- ・省燃費タイヤの評価技術の確立

4．事業継続（BCP）・発展の鍵

- ・安価な原料確保
- ・増設による競争力の維持
- ・より効果的な省燃費タイヤ用シランカップリング剤の技術開発および用途開発

受賞歴

1．高分子学会技術賞（1982年）
2．大阪工研協会賞（2007年）
3．日本ゴム協会賞（2008年）

4．GSC環境大臣賞（2009年）
5．日本化学会科学技術賞（2010年）
6．文部科学大臣賞（2011年）
7．環境大臣賞・優秀賞　日立環境財団（2015年）

関連文献

1．山田聿男、高田十志和、ファインケミカル、**28**，13（1999）
2．特開2000 - 103794
3．高田十志和、山田聿男、*日本ゴム協会誌*、**75**，98（2002）
4．山田聿男、ＪＥＴＩ，**51**，111（2003）
5．山田聿男『シランカップリング剤の効果と使用法』、Ｓ＆Ｔ出版、第1章、（2010年）
6．山田聿男、近畿化学工業界、**68**，No.4，1（2016）

事例7. チョウ目殺虫剤フルベンジアミドの発明 ── 日本農薬株式会社

事例紹介者：濱口 洋

1. 研究テーマ決定までの経緯

農薬の研究開発には、膨大な開発経費50億円以上と、開発意思決定から上市まで最低でも7年必要という厳しい条件に耐えるテーマを厳選する必要がある。投資回収の観点から言えば、販売額と利益が一定程度確保でき、開発経費を5年程度で回収するようなビジネスモデルでなければならない。従って、開発意思決定には、厳しい条件をあらゆる角度から検討される。さらに、本格開発には研究の開始から10年を要するため、10年後の農業、そして未来の農業に役立つ農薬を開発する必要がある。言い換えれば、未来の農業での技術革新を予想する必要がある。

開発テーマ探しの一般的な手順を、簡単にまとめると以下のようになる。

①知恵を絞って多数の新規化合物を合成する。（別途、特許での新農薬候補化合物を探し、アナローグを探索する方法もある）。

②有望な農薬となり得る生物効果をスクリーニング探索する。（一定以上の売上を確保するために、主要作物の除草剤、殺虫剤、殺菌剤を目標にしたスクリーニング系の構築が必須である）。会社の販売基盤、農薬の主要マーケットを考慮する必要があり、会社での独自の開発方針の設定が、重要となる。

③膨大な開発経費を無駄にしないためにも、環境への負荷、哺乳類への安全性、虫類、魚類、水生生物への安全性、化学物質としての安全性の一次評価を実施する。

④室内での効果だけでなく、実際の農業場面でも効果を示すかどうか、製剤も加味して、屋外での圃場での効果を確認する。

第2部　研究開発から事業化に至った事例から成功要因（KSF）を学ぶ

⑤さらには、農家が使用できる範囲での製造コストが達成可能かどうか
　瀬踏みする。同時に外部での各種試験の実施前に、権利を確定する必
　要があり、化合物、製造法、そして使用法等の特許取得を実施する。

　以上の新規農薬創生の必要条件に探索研究を進めたが、自社探索合成化
合物の中に、チョウ目害虫にのみ活性を示す化合物を見つけた。フルベン
ジアミドのリード化合物である。殺虫剤としては、チョウ目のみに活性を
示すという観点から言えば、スペクトラムが狭い。つまり、効果を示す害
虫の種類が限られていて、市場規模が中程度の殺虫剤と考えられた。しか
し、哺乳類、鳥類、そして水生生物への毒性も少ないと考えられる。そし
て何よりも、従来の殺虫剤には見られない、新規の作用性を認め、この化
合物群を集中的に合成し、活性を高めることに全力を挙げた。日本農薬と
しては、新規のチョウ目殺虫剤を商品として必要としていたことでも、好
ましいターゲットであった。

　この探索研究で見つけた有望化合物群について、化学、生物、安全性の
各部門が、集中的に資源を投下した結果、リード化合物の500倍の活性向
上を達成した。さらに、リード化合物および類縁化合物について、圃場で
の効果試験実施の際に安全性試験を実施し、製造コストの概算のための製
造法の検討を開始した。その結果、それぞれの分野で、本格開発するに値
する剤として、開発意思決定された。

（参考）農薬フルベンジアミドの構造

事例7 － 日本農薬

2．魔の川、死の谷を乗り切った要因

　新規の化合物が、チョウ目害虫の幼虫にのみ活性を示すことを見出し、しかもその活性が、既存の殺虫剤が示す生物活性とは、異なる点に興味を持ち、絶えることの無い探求心で、関連化合物の合成を継続し、実用レベル以上の活性を示す化合物を見出した。

　開発した化合物フルベンジアミドは、ヨウ素を含む二つの置換基を持つフタル酸と、パーフルオロイソプロピル基を持つアニリンの二つの新規化合物が、骨格を構成していて、この二つの主要原料の合成はもとより、フルベンジアミドその物を、経済的に製造することは挑戦的な課題であった。触媒的にパラジウムを使用した効率的なヨウ素原子の直接導入法は、自社での集中的な検討に平行して、大学の専門家の助言を受けながら進めた。ヨウ素置換基を持つフタル酸や、フルオロアルキルを持つアニリンの製造は、自社で実験室での製造法を確立した後、それぞれの分野の専門メーカーに、製造検討を依頼し、開発期間の短縮を図った。

　圃場での効果試験も、多種の作物、それぞれの害虫に対して実施しなければならないが、試験の時期や、圃場を選び無駄の無い試験設計を組み、世界規模で実施した。

　生物効果についても、観察で、新規の殺虫作用と推定していた。その理由は、チョウ目害虫の幼虫の体萎縮を特徴とする殺虫作用を観察したからである。この新規作用は、リアノジン受容体に作用し、複雑なメカニズムを経て、チョウ目害虫の幼虫のみを、死に至らしめることを生化学的に証明し、新規殺虫作用であることを学会レベルでも認められた。カルシウムチャンネルの専門家との共同研究の成果である。

　各国での農薬登録取得のためには、国毎に異なる安全性の必要データを、長期毒性試験を含めて、逐次実施した。外部の試験研究機関や、専門家との相談も円滑なデータ取得に重要な要素であった。

　総合的な観点から言えば、農薬の販売を日本、そして世界で実施し、農業の現場を熟知した会社の歴史も開発促進の要素といえる。

147

第2部　研究開発から事業化に至った事例から成功要因（KSF）を学ぶ

　以上、化学、生物、安全性での研究、そして総合的に、海外開発も含めて、最短の開発期間での販売開始を念頭に、有効で効率的な多額の投資を了解して頂き、開発を進めた。

　農薬の新規開発には、最終化合物を決めてから、上市するまでは、農薬登録用のデータ取り、そして最終的には、当局の審査期間も含めて長期を要するが、この剤については、最短での販売開始が可能となるよう、計画を遂行した。重要課題のリスト化、そして適宜対応して、課題解決に力を注いだことも重要なポイントである。

　農薬、とりわけ殺虫剤を取り巻く外部環境も追い風となった。リン剤、カーバメート剤等の古い剤の環境中での挙動も含めて、その安全性に懸念を示す動きがあり、さらには、既存の殺虫剤の長年の使用で効果低下の報告が、増え始めた。新規殺虫剤の要望が高まっていた点なども、開発加速の要因である。

3．ダーウィンの海を乗り切った要因、および事業継続（BCP）・発展の鍵

　新規の化合物で、新規の活性を見つけるという大方針に粘り強く取り組み、オリジナルな殺虫剤を発明した。化学、生物、安全性の研究部門と開発部門が一体となって、最短の上市目標を達成した。既存殺虫剤の長年に亘る使用により、薬剤の抵抗性が出現し始めていたことも、フルベンジアミドにとっては、追い風となった。

　開発した剤の販売額を、短期に最大値にするには、登録国数を増やし、世界規模での販売を実施する。そのためには、国内外で、日本農薬1社だけでの販売ではなく、他社も販売会社に起用する方策がとられた。国内では日本曹達、海外ではバイエル クロップサイエンス社を通しての販売を実施した。

　その他、フルベンジアミドが使用可能な作物を増やす。あるいは農業以外の分野、ゴルフ場への適用等、販売分野を拡大した。

事例7 － 日本農薬

　他社の追随を許さない特許網の構築も重要であったと考える。新規の化学物質を、農業場面等で使用し、使用した作物を介して、ヒトの体内に摂取されたこと等による健康への影響、そして環境全般への影響も含めて、安全性を担保することは、最新の科学の知見を駆使し、登録への必要事項あるいはそれ以上に科学的なデータの提示が必要である。

　新規農薬の研究開発を会社の方針の旗印に掲げる会社の伝統と日々の精進が、この剤の開発に寄与したことは間違いない。膨大なデータの一端は、以下の資料を参照して頂きたい。

食品安全委員会によるフルベンジアミドの評価書
http://www.fsc.go.jp/fsciis/attachedFile/download?retrievalId=kya20160713073&fileId=201　および
独立行政法人農林水産消費安全技術センターのフルベンジアミドの登録抄録
http://www.acis.famic.go.jp/syouroku/flubendiamide/index.htm

149

第2部　研究開発から事業化に至った事例から成功要因（KSF）を学ぶ

KSF

1. 研究テーマ決定までの経緯

- 殺虫剤の評価スクリーニング系で、虫の生死の判定のみならず、虫が死に至る過程を観察し、新規骨格の化合物が、新規作用性を示すことを認め、新規殺虫剤の創製を予感した。

2. 魔の川、死の谷を乗り切った要因、および事業継続（BCP）・発展の鍵

- 従来の殺虫剤とは異なる新規化合物を合成し、一連の化合物の中に弱いながらも活性を見つけた（特許のアナログ化合物であれば、活性を見つけることは比較的容易である）。飛躍的な活性向上のために、芳香族環上の置換基の配置では、ヨウ素置換基を導入、且つ高活性発現のため、置換基も特異で、高価と思われる物を選んだ。
- 製造検討で、三つの難題を解決した。死の谷を渡れる確信を得た［製造法の確定無しでは、高額投資の安全性試験に入れない。不純物の質、量。原料（溶媒、触媒、副資材）の確定］　製造プロセスの大筋確定
- 世界規模での生物効果試験の実施（作物での残留量を確定するため、使用薬量を確定しなければ、安全性試験に入れない）。しかも短期間での実施。海外については、一部共同開発。
- 原料メーカーの選定（原料の安定的で、経済性の成り立つ供給が可能になった）。
- 投資回収の最速化。販売額の最大化のため、日本では日本曹達を、海外ではバイエルを共同販売メーカーに起用。

以上の事項を、円滑に実施した点が重要である。

以上の事例研究は、下記の受賞に関する発表および、下記記載の主な関連文献を基に作成した。

150

事例7 ― 日本農薬

受賞歴

1. The 11th IUPAC international congress of pesticide chemistry, Poster award, Silver prize（2006年）
2. 日本農薬学会賞　奨励賞（2008年）
3. ヨウ素学会　ヨウ素学会賞（2008年）
   日宝化学株式会社と共同受賞
4. 日本農薬学会賞　業績賞（技術）（2010年）
5. 日本化学会　化学技術賞（2011年）

関連文献

フルベンジアミド創出関連（代表的文献）

1. M. Tohnishi, H. Nakao, T. Furuya, A. Seo, H. Kodama, K. Tsubata, S. Fujioka, H. Kodama, T. Hirooka, T. Nishimatsu : Flubendiamide, a Novel Insecticide Highly Active against Lepidopterous Insect Pests, *J. Pestic. Sci.,* **30** *(4)*, 354（2005）
2. A. Seo, M. Tohnishi, H. Nakao, T. Furuya, H. Kodama, K. Tsubata, S. Fujioka, H. Kodama, T. Nishimatsu, T. Hirooka : Flubendiamide, a New Insecticide Characterized by Its Novel Chemistry and Biology.
   Pesticide Chemistry（Crop Protection, Public Health, Environmental Safety）p.127-135（2007）, edited by H. Ohkawa, H. Miyagawa, and P.W. Lee, WILEY-VCH Verlag GmbH & Co. Kga

新規農薬フルベンジアミドの全体像（成書）

3. H. Hamaguchi, T. Hirooka : Insecticides Affecting Calcium Homeostasis-Flubendiamide
分担執筆：Modern Crop Protections Compounds, edited by W. Kraemer and U. Schirmer 1121（2007）Wiley-VCH Verlag Gmbh & Co. KgaA, Weinheim Bayer CropScience AG

特徴的な作用性に関して（京都大学工学研究科との共同研究）

4. K. Kato, S. Kiyonaka, Y. Sawaguchi, M. Tohnishi, T. Masaki, N. Yasokawa,Y. Mizuno, E. Mori Mori, K. Inoue K, I. Hamachi I, H. Takeshima, Y. Mori Molecular characterization of flubendiamide sensitivity in the lepidopterous ryanodine receptor Ca2+ release channel *Biochemistry*, **48**, 10342（2009）

事例8. ポリエステル系重合トナー（PEB）の開発
― 三洋化成工業株式会社

事例紹介者：前田 浩平

1．研究テーマが決まるまでの経緯

　従来のトナーは、熱可塑性のトナーバインダー樹脂に、顔料およびその他添加剤を溶融混練し、次いで微粉砕する「粉砕トナー」が主流であった。当社はトナーバインダーメーカーとして、スチレンアクリル樹脂やポリエステル樹脂をトナーメーカーにトナー創世期から販売していた。

　1990年代に入ると「重合トナー」と呼ばれる革新技術が出現し、1992年日本ゼオンによって事業化された。重合トナーとは、顔料および添加剤成分をスチレンモノマーに分散後、ミクロンオーダーに懸濁重合したもので、モノマーから一気にトナーを得るものである。粉砕トナーでは達成困難な小粒径化が可能なこと、真球状の均一形状である特徴が、複写機の高画質化ニーズと合致し、多くのトナーメーカーで検討されるようになっていった。

　トナーバインダービジネスが消失しかねない危機に瀕し、営業からは他社から技術ライセンスを受けてでもスチレン系重合トナーを検討するよう要望が出ていた。その中、当時の研究本部長から、「当時自動車用途に開発が進んでいたウレタンビーズのシーズを展開したら、ポリエステル系の重合トナーができるのではないか」との検討指示があった。ウレタンビーズの技術とは、NCO末端プレポリマーを水中に懸濁し、樹脂粒子形成と同時に伸長するものである（反応式等は「インパネ用ウレタンビーズ（TUB）」の項、参照）。当時のトナーの市場ニーズは高画質化と省エネルギー（低温定着化）であり、粉砕トナーでは既に低温定着化に優れるポリエステル樹脂が主流になりつつあった。トナーバインダー樹脂は低温で

第2部　研究開発から事業化に至った事例から成功要因（KSF）を学ぶ

シャープに溶融するとともに高温でも熱ロールに融着しない弾性率が必要なことから、架橋によって一部をゲル化させたポリエステルが用いられていた。本シーズを展開すれば、小粒径のポリエステル樹脂粒子であって、且つトナーに適した溶融粘弾性を示す、画質と低温定着性の両方に優れる「ポリエステル系の重合トナー」ができるのではないか。スチレン系重合トナーのニーズに対して一捻りしたこのアイディアは大変当を得たものと思えた。

　直ちにチームが結成され検討に着手した。ポリエステルの末端にNCO基を導入したプレポリマーだけではトナー用には高弾性・高粘度になりすぎるので、非反応性の低分子量ポリエステルを併用することにした。この溶媒溶液に顔料および添加剤成分を分散し、これを水中に懸濁、プレポリマーを伸長反応させた後に、脱溶剤、固液分離することで、「ポリエステルビーズ」を得た。このプレポリマーと低分子量ポリエステルの併用は、エステル交換が起こらない低温で脱溶剤する本プロセスだからできたもので、従来のポリエステル系トナーバインダーでは達成困難であった分子量分布の2山化が達成できた。さらにウレタン／ウレア基の高凝集力もあいまって、従来のポリエステル系トナーバインダーにない低粘度・高弾性を示した。

　競合技術であるスチレン系重合トナーに対して低温定着性を差別化した球状樹脂粒子の目処が得られたことから、1997年に一連の特許を出願し、「ポリエステルビーズ」の開発を本格化させることになった。

2. 魔の川、死の谷を乗り切った要因

　当時の市場構造は、複写機大手メーカー各社がトナーを自製しており、トナーの消耗品ビジネスが複写機メーカーの利益の源泉であった。その中でトナー用原料メーカーであった当社が、トナーそのものまで手がけようとしても、市場の主流になれない懸念があった。何よりトナーとしての評価技術が不足していたので、複写機メーカーをパートナーとする共同開発

154

が不可欠であった。

　粉砕トナービジネスで人脈形成できていた大手複写機メーカーＡ社にターゲットを絞り、両社トップ間の面談で共同開発を申し入れたところ、その場で即決し、Ａ社は当社コンセプトのポテンシャルにとびついた。もちろん競合複写機メーカーの重合トナー開発動向が影響していたとは思われるが、これまでのビジネスで培ったＡ社と当社の間に信頼関係があったためであるのは間違いない。直ちに会社対会社の共同開発を開始することが決定され、Ａ社内にはプロジェクトチームが結成されて、先方技術者の分室を当社内に開設する等の緊密な開発体制を構築するまでわずか３カ月。検討は一気に加速した。

　Ａ社との共同開発が本格化した当時の「ポリエステルビーズ」は、トナー用としてはまだまだ完成度が低く、Ａ社から示されたトナー要求性能に対して、前述の定着特性以外は未達の項目が多数あった。その中で最大の課題が粒度分布である。

　トナーは静電気で現像されるものだから、帯電量（＝クーロン力）＞付着力（＝ファンデアワールス力）なことが必須要件である。粒径が小さくなるに伴ってクーロン力に比べてファンデアワールス力が相対的に大きくなるので、微細すぎる粒子は現像できない。球状粒子の理論計算から粒径３μが現像できる限界と見積もられ、３μ粒子が実質不含有となる平均粒径は、粒度分布のシャープ化の技術革新が進んだとしても体積平均粒径５μ程度が限界と考えていた。なお、当時市販されていたトナーは業界最小粒径のもので６μ台であり、風力分級によって微粗粉をカットしたものであった。

　その中でＡ社から提示された粒径の開発目標は、平均粒径５μmで３μm以下の粒子は実質的に不含有、これを分級なしで達成することであった。厳しい目標ではあるが、上記理論計算から考えると、これさえ達成できたら他社の追随を許さない高画質となることが我々にも理解できるものであった。

155

第2部　研究開発から事業化に至った事例から成功要因（KSF）を学ぶ

　当時のサンプルの処方は、無機微粒子の固体分散剤を使用する一般的な懸濁技術を適用したもので、他社技術に劣るわけではないが差別化しているわけではなく、上記粒度分布の目標達成には不十分であった。この局面で当時当社のテーマリーダーが、それまでは経験則に頼っていた固体分散剤による懸濁をヘテロ凝集の理論式から論理解析し、①固体分散剤自体の粒度分布がシャープであることが重要で、②固体分散剤の粒径と粒子数比、③固体分散剤の表面電荷がパラメーターであるはず、よって乳化重合によって得た樹脂粒子を固体分散剤に用いたほうが無機微粒子よりも粒度分布をシャープにできるとの仮説を立てた。

　すぐにこの仮説に基づく検討が進められ、乳化重合法によるスチレンアクリルエマルションの粒径、極性を最適化した有機微粒子が完成した。この有機微粒子を用いて粒径を収斂させることによって、体積平均粒径5.0μmで変動係数CV＝18％のシャープな粒度分布が達成できた。有機微粒子は無機微粒子分散剤とは異なり使用後に洗浄除去することは不要で、軟化点、溶融粘度を最適化することで、ポリエステル粒子表面を覆うシェルとすることにつながった。2001年2月に基本特許を出願したこの差別化技術によって、「ポリエステルビーズ」は実用化に向け大きく前進した。

　「ポリエステルビーズ」は真球で形状、粒径が揃っていることが当然のコンセプトとして共同開発を進めていたのだが、実はA社に提供した1stサンプルが梅干し状に変形していた失敗作があった。この梅干し粒子を見た当時のA社の開発リーダー室長は「必ずしも真球状が良いとは限らないけど、球状にするつもりがなぜ異形になったのか原因は明確にして下さいね」とつっこまれた。我々は、梅干し状になった原因を、真球状にできたときの工程・操作面と比較することで見直しを行い、真球状のサンプルを再提出した。その後は真球状で開発は続いていった。

　開発も後半にさしかかり、A社でトナーと複写機とのマッチング評価が進んでいくと、急遽形状変更の要望が出た。5μmの真球では感光体上のトナーをブレードでクリーニングしきれない不具合があるので、異形化し

て欲しいとのことであった。もちろん粉砕トナーのような不定形では画質が悪化するので、適度な円形度に形を揃えて異形化することが必要だとのこと。以前梅干し状だったサンプルを見て「必ずしも真球状が良いとは限らない」との発言は、この不具合を予見されていたのだ。だから「梅干し状になった原因を明確にしておいて欲しい」との要望だったわけで、万一の際には非球形に異形化すること（まだ誰も実施していない高度な制御）を最初のサンプルの段階で気づかれていたに違いない。この室長の先見性には感服した。

　とはいえ、発売スケジュールはすでに決まっており、量産化ステージが目前に迫った中での形状の変更は一大事であった。工数よりも検討期間を優先し、考えられる二つの異形化法を並行して開発することになった。一つは上記梅干し状サンプルをヒントにしたもので、脱溶剤時の体積収縮と表面収縮の差を利用して異形化するもの。もう一つはせん断力によって樹脂粒子を紡錘状に変形させるものであった。いずれの方法も開発に成功し、「ポリエステルビーズ」の１品種目は紡錘状に、２品種目以降は梅干し状への異形化技術を適用している。この短期間での仕様変更が完成したのは、会社対会社の共同開発で運命共同体となっていたＡ社と当社の協力関係があってのことは言うまでもない。

3．ダーウィンの海を乗り切った要因

　こうしてラボ評価に合格した「ポリエステルビーズ」は、工業化に向け2002年３月にスケールアップステージに移行した。競合の大手複写機メーカーＢ社（2001年）、Ｃ社（2000年）からスチレン系重合トナーを搭載したマシンがすでに発売されていたこともあり、スケジュール通りに立ち上げることはパートナーのＡ社にとって至上命題となっていた。しかし、実生産でのプラントスケールでの試生産は、懸念した通り全くうまくいかなかった。粒径・粒度分布、形状のスペックは狭く、ラボをなかなか再現できない。スケールアップの直前になって異形化を導入したのだから、その制御

第2部　研究開発から事業化に至った事例から成功要因（KSF）を学ぶ

パラメーターが全然整理できていない。良品率が低いのは当然の結末である。かくして人海戦術による力業となってしまったが、2003年6月に「ポリエステルビーズ」1品種目の販売を開始した。

　その後、品種が追加されていく中、安定生産に向けた活動には長期間を要した。生産実績データから原料、工程条件の各パラメーターの寄与を一つひとつ解析し、ノウハウを積み上げていき、徐々に安定化していった。この解析においても、A社との共同開発の体制は本当に良かったと思う。企業文化の異なる当社とA社は、解析の手法、改善のアプローチはずいぶん違っており、両社が得意とすることと不得意なことを補え合える関係であってできた作業であった。

4．事業継続（BCP）・発展の鍵

　振り返ってみると、この開発は当社が得意とする開発手法（①市場ニーズに対して自社の異分野のシーズを複数組み合わせて対応するニーシーズ※開発、②ユーザーとの緊密な関係の共同開発）を実践したことが成功のポイントだったと思う。

　一つひとつは大発明とは呼べない技術ではあるが、これを複数組み合わせて独特な製品に仕上げたことで、他社にはまねのできない製品になった。A社とはその後も次世代材の開発が綿々と継続され、今やA社との取引は、当社のなかでは断トツのNo.1となっている。されに関係を強化しながらさらなる高性能化、コストパフォーマンスの向上による市場シェア拡大に尽力してゆく所存である。

※ニーシーズ：「ニーズ指向」と「シーズ指向」を合成した三洋化成工業独自の造語。

事例8 ― 三洋化成工業

KSF

1. 研究テーマが決まるまでの経緯

- ・ビジネス消失の危機
- ・社内シーズ（ウレタンビーズ）の応用展開

2. 魔の川、死の谷を乗り切った要因

- ・パートナー（複写機メーカー）との信頼関係
- ・粒度分布シャープ化技術の確立
- ・失敗作（梅干し状）から得た解決策
- ・異形化技術の獲得

3. ダーウィンの海を乗り切った要因

- ・スケールアップでラボの再現性が得られず苦戦
- ・厳しい立ち上げスケジュールをユーザーとともに克服

4. 事業継続（BCP）・発展の鍵

- ・ニーシーズ※とユーザーとの信頼関係を生かしてさらなる高性能化

受賞歴

1. 近畿化学協会 第64回化学技術賞（2011年）
2. 高分子学会賞（2016年）

関連文献

1. Toshihiko Kinsyo, Hideo Nakanishi, Kazuyuki Hirai, Hidetoshi Noda, Tadao Takikawa and Shuhei Yahiroet, *Polym. J.*, **49**, 593（2017）
2. 特許3762079
3. 特許3393844
4. 特許3455523
5. 特許3811470
6. 特許5020529

事例9. 機能性ポバールの開発
― 日本合成化学工業株式会社

事例紹介者：丸橋 基一

1. 研究テーマ決定までの経緯

当社がポバール（ポリビニルアルコール）の本格的営業生産を開始したのは1949年である。工業化の契機となったのはビニロン繊維の原料用途であるが、その後、一般工業用材料として用途の開発が進展していった。

1970年代初頭、四半世紀が経過した時点で、ビニロン繊維用途以外に、ポバールフィルム、安全ガラス中間膜用ブチラール樹脂などの成形品原料として、繊維用糊剤、製紙用紙加工剤、乳化懸濁重合用乳化分散剤、接着剤・バインダーなどの一般工業用副資材として、優れた水溶性、その他の皮膜形成性、接着性、耐溶剤性、界面活性能、化学反応性、安全性の特性を活かして、広範囲の用途分野で需要が拡大し、その地位を確立していた。

他方、当時の石油危機による日本経済降下の影響を受け、ポバールも需要が停滞し、事業の方向転換が求められる岐路に立たされていた。また、ポバール事業をライフサイクルの観点からみれば、成熟期を経て、代替期に入り、再展開を図る時期にあったとも捉えられる。

そこで、ポバールの事業戦略は、量的拡大から、高付加価値、高収益性を優先する方向へと転換され、事業の強化と発展が図られることとなった。

開発テーマの選定は、事業部内で、営業部門、生産部門、研究部門のリーダークラスにより徹底的に協議され、「機能性（変性）ポバールの研究開発」に、意思決定され、経営会議で正式に承認された。

テーマは機能性を付与した新しいシーズを待望する市場ニーズとも合致しており、また、競合他社が参入する機運にも大いに刺激を受けた。

161

第2部　研究開発から事業化に至った事例から成功要因（KSF）を学ぶ

２．魔の川、死の谷を乗り切った要因

　ポバールの分子構造は、ビニルアルコールと酢酸ビニルの共重合体であり、基本的性質は重合度と鹸化度（2成分比率）によって支配され、一般ポバールとして市場ニーズに対応して数多くの品種が上市されていた。変性ポバールは分子構造に第三成分を導入して、様々な新しい機能性を付与するものである。

　本格的開発のスタート時点で、それ以前にも、数多くの変性ポバールが試作され用途開発が試行されており、自社コアテクノロジーの蓄積が図られていたので、保有技術の棚卸を実施した。

　変性ポバールの選定に当たっては、コアテクノロジーの活用、知的財産権の優位性、コンプライアンス（化審法）対応の難易、その特性により市場ニーズの喚起が予測される変性ポバールを選択、集中して、逐次、研究開発の展開を実践した。

　選択されたのは、下記の官能基を有する変性ポバール、5種である。

　a）アニオン性のカルボキシル基、

　b）強アニオン性のスルホン酸基、

　c）カチオン性の四級アンモニウム基、

　d）親水性のエチレンオキサイド鎖、

　e）反応性に優れたアセトアセチル基

　このテーマはシーズの研究開発であり、用途開発が課題となる。市場の新しいニーズを掘り起こしていくマーケット・イン志向を強く意識して用途の発掘を推進した。

　開発体制に関しては、事業部内の営業部門、生産部門、研究部門の活動を融合させ、三位一体となって協業し、タスクフォースチームを編成する体制を成立させて、スムーズな進捗を計った。

　機能の評価では、実用特性を重視し、特性の測定は実用により近づけるように努めた。社内評価にプラスして、顧客の評価協力を得て、機能の確

162

認をした。

用途開発には、市場向けサンプルの確保が必須である。既存設備を活用してサンプル試作を行うと同時に、パイロットプラントを段階的に整備し、増強して設備対応した。

また、試作に並行して、生産技術のデータを取得し、生産技術の確立を目指した。

課題である用途開発、顧客開拓については、サンプルの提供による提案型アプローチを重視して、評価、情報など市場とのキャッチボールを実践した。その結果、市場からのサンプル要請が強くなり、顧客のニーズにマッチングした需要を徐々に獲得していった。

3. ダーウィンの海を乗り切った要因

顧客の拡大に当たっては、技術サービスの活動が力を発揮した。グローバルな技術サービスの展開により、市場の情報を取得し、顧客の要請に対応して、顧客の新製品開発を促進した。

知的財産戦略の関連では、早期出願、幅広い出願、特許取得と維持などに努め、工業所有権の優位性を保持して、競合他社の追随を抑制した。

生産技術については、エンジニアリング部門との連携を強化し、また、製品の品質保証の規定に対応して、本製造設備へのスムーズな移管を推進した。

一例として、前項の変性ポバールのe)について述べる。

研究初期のラボ段階で一研究員からユニークな発想の製法が提案され、解決すべき課題が多々あったが試行錯誤を繰り返し、課題を克服してラボベースでの製法が確立された。パイロットにて独特な生産技術を確立して、本製造設備を完成するとともに、市場開発が実を結び、耐水強度を必要とする感熱記録紙のトップコート剤、耐水接着性に優れた酢酸ビニル系エマルジョンの乳化剤などの用途で需要が拡大した。新しい技術に対する担当者全員の熱意と粘り強い挑戦が結実したものである。また、経営陣の叱咤

第2部　研究開発から事業化に至った事例から成功要因（KSF）を学ぶ

激励も懐かしい思い出である。

４．事業継続（BCP）・発展の鍵

　事業化であるが、1980年代初頭から、逐次、パイロット設備を増強し、専用の本製造設備を新設して、1990年代半ばには、複数の製品からなる高収益、且つ当社独占の製品群が構築され、差別化製品による事業の強化に結びついた。

　今後の研究開発の展開に当たっては、基本的な思考として、サイエンス（Ｓ）、テクノロジー（Ｔ）、エンジニアリング（Ｅ）、マーケットイン（Ｍ）が四位一体となって、発想のサイクルを回すことが肝要であると考えている。これによる新素材の開発に期待するところ大である。

　現在、ポリビニルアルコール系の新規樹脂が開発、上市されている。

　事業発展のモットーには、既存用途分野での更なる拡大、新用途の開拓と新規顧客の獲得、市場ニーズの情報収集と新規テーマの発掘、継続して製造設備を増強するとともに、製品の安全性に対応、コア技術の深化と革新、特許マップの充実などが挙げられる。

事例9 － 日本合成化学工業

KSF

1. 研究テーマ決定までの経緯
- ・事業戦略の転換
- ・市場ニーズとの合致
- ・競合他社からの刺激

2. 魔の川、死の谷を乗り切った要因
- ・自社コアテクノロジーの活用と新技術の創出
- ・粘り強い用途開拓
- ・製販研三位一体の開発体制
- ・パイロットでのサンプル試作

3. ダーウィンの海を乗り切った要因
- ・知的財産権の確保、優位性
- ・技術サービスの強化による顧客の獲得
- ・RDE（Research & Development and Engineering）の一体化と
  生産技術の確立

4. 事業継続（BCP）・発展の鍵
- ・差別化新製品群の構築
- ・製造設備対応と拡大
- ・STEM四位一体の思考による展開
- ・事業発展のモットー

関連文献

技術および用途について
1. 丸橋基一「ポバールの用途展開」『PVAの世界』ポバール会編、高分子刊行会（1992）
2. M. Maruhashi, "Modified Polyvinyl Alcohols", in *Polyvinyl Alcohol － Developments,* edited by C. A .Finch, John Wiley & Sons（1992）

事例 10. 光学フィルム用ラクトン環含有アクリルポリマーの開発 ─ 株式会社日本触媒

事例紹介者：上田 賢一
文章作成者：近藤 忠夫

1．研究テーマ決定までの経緯

(1) 社内要因

　(メタ)アクリル系誘導品・ポリマー材料開発という全社重点技術開発戦略に沿ったテーマとして、自社製品アクリル酸メチルの誘導品モノマー[αーヒドロキシメチルアクリル酸メチル(RHMA)]の製造法の開発とポリマー展開を、管理職レベル研究者によるシーズテーマ企画としてスタートした(1992年)。

　当初の具体的な顧客ニーズはモノマーとして医薬中間体用途でスタートしたが、価格が合わず断念した。その後、ラクトンポリマー開発研究を進め(1997年)、顧客ニーズ開発に努めた結果、光学フィルム用途に遭遇した。

(2) 社外要因

　市場開拓の途上、光学材料用耐熱性アクリル系ポリマー材料のニーズが判明し、ポリマー製造技術開発を開始できた。

　液晶ディスプレー用光学フィルム材料としては、すでにTAC(トリアセチルセルロース)が大半の市場を席巻しており、一部COP(シクロオレフィンポリマー)がTACの欠点を改良する製品として市場を獲得しつつある状況であった。

　当社のラクトン環含有アクリルポリマー(アクリル系樹脂)は光学特性、耐熱性など光学フィルム用として優れた機能特性を示し、液晶ディスプレー用光学フィルム材料として高評価を受けた。

第2部　研究開発から事業化に至った事例から成功要因（KSF）を学ぶ

2.　魔の川、死の谷を乗り切った要因

　当初のモノマー技術開発リーダーがポリマー技術開発時には、研究所長から本部長に就任し、テーマ開発を推進・統括したのでスムーズに進捗した。

　一連の技術開発の中でキーとなる技術は；

①高純度RHMAモノマー製造技術

②リアクティブプロセッシングを用いた分子内環化反応によるラクトンポリマー製造技術

③光学フィルム材料に要求されるゲル異物を根絶した高純度ポリマー製造技術

であり、開発したアクリル系モノマー・ポリマー製造技術は会社技術系譜の中でコア技術であり、他社と比べて優位性が保持できた。

　RHMAモノマーの合成は既存合成法を収率・選択率共に大幅に向上できる新規触媒を開発し、光学用に適した高純度合成法を完成し、1996年にパイロット設備で実証した。

　ラクトンポリマーは、先ずRHMA／MMA共重合体を合成し、次にリン酸エステルを触媒としたリアクティブプロセッシングによる分子内環化反応で合成する。ポリマーゲルなどの異物の発生しない、光学フィルム材料に適したラクトンポリマー合成法の開発は、種々の反応条件を詳細に検討し最適合成法の開発に成功した。1999年にパイロット処方を完成させ製造法を確立した。光学フィルム材料としての用途開発（2002年）に至るまで長期間を要したが、全社重点新規分野として経営層の理解・支援があった。

　液晶ディスプレー用光学フィルム材料として潜在顧客のサンプル要請が強く、ベンチ・パイロットステージへの移行がスムーズに進展した。

168

事例 10 － 日本触媒

Polymer containing Lactone-rings

３．ダーウィンの海を乗り切った要因

　顧客の性能要求、改良要求、製品納期要求などに対し、全社挙げて速やかに対応した。具体的には毎月一回経営トップ主催の関係者会議を開催し、企業化推進に注力した。

　2006年にRHMAモノマープラントおよびラクトンポリマー第１プラントを完成させた。（3,000トン／年）当該材料が液晶ディスプレー用材料として、顧客産業の急成長と高機能化ニーズに合致した。

４．事業継続（BCP）・発展の鍵

　顧客の要請に応えて2007年にラクトンポリマー第２プラントを完成させ、合計6,000トン／年体制を整えた。生産設備の増強に当たっては、顧客の品質・納期要求に応えるため、完成時に一発立ち上げができるよう第１プラントと同規模の3,000トン／年に設定した。

169

第2部　研究開発から事業化に至った事例から成功要因（KSF）を学ぶ

　当社製品を使用する電子材料業界の顧客の製品寿命は一般的に短いことが予想されたので、顧客の当社に対する増産要求にどのように対応すべきか経営判断に苦しんだが、事業継続・発展には製品・機能の改良、コストカットだけに留まらず、常に製品・機能の多様化と新規用途・新規顧客開拓を進めて事業の安定・拡充に努めた。その結果需要が拡大し、2016年にさらに3,000トン／年増設し、合計9,000トン／年体制となった。

KSF

1. 研究テーマ決定までの経緯
- 自社コア技術の活用
- 事業戦略の転換、用途分野の転換、低分子化合物から高分子材料への転換
- 粘り強い市場開拓

2. 魔の川、死の谷を乗り切った要因
- 特殊な重合技術による分子内環化ポリマーの製造技術の確立
- 用途に要求される高純度モノマー・ポリマーの製造技術の確立
- 潜在顧客との緊密な技術の摺り合わせ
- 経営層による強力な推進・支援

3. ダーウィンの海を乗り切った要因
- 顧客の種々の要求に対し、研究開発・生産技術一体の迅速な対応

4. 事業継続（BCP）・発展の鍵
- 技術改良の継続によるコストパフォーマンスの向上
- 実需に先行した生産体制の増強
- 実機での改良製品試作・サンプル提供による新規顧客開拓、需要の急速な伸びへの対応

170

受賞歴

日本化学会 化学技術賞(2014年)

関連文献

1. 日本化学会近畿支部 研究最前線講演会「ラクトン環含有アクリルポリマーの開発と工業化」(2014年)
2. 有機合成協会＋日本プロセス化学会編『企業研究者たちの感動の瞬間』、化学同人、 p 208(2017年)

事例11. 高吸水性樹脂（SAP）の開発
　　　　　　　— 三洋化成工業株式会社

事例紹介者：増田 房義

1. 研究テーマ決定までの経緯

　私は入社してすぐ、研究所の中で探索研究の部屋に配属されて、いくつかの探索研究テーマをやっていたが、4年半ほど経った1974年7月に『ケミカル&エンジニヤリング・ニュース』という英文雑誌に目を通していたら、"Super Slurper"という小さな記事が目にとまった。

　それはアメリカで余剰作物のトウモロコシ・デンプンを利用する研究の紹介記事で、何と1,000倍もの水を吸う樹脂がアメリカ農務省のペオリアにある研究所でできたというものである。後で調べてみると、1,000倍という吸水量は大げさというか、測定法が確立していなかったためで、実質は200〜300倍くらいであったろうと思われるが、実験室での、その作成方法はトウモロコシ・デンプンを糊化してアクリロニトリルを加えセリウム金属塩でグラフト重合し、苛性ソーダで加水分解した後、酸中和とアルカリ中和を繰り返しながら精製し、乾燥・粉砕するものであった。

　そこには吸水の原理は書かれておらず、セリウム金属塩やアクリロニトリルという毒性が強い原料が使われ、さらに重合モノマー濃度が5%と低く且つ精製がやっかいで、とても工業的には生産できないものであった。原理も含めて多いに興味を持ったが、この頃、農林業用ケミカルスの探索研究をしていて忙しく、実際に研究し始めたのは12月に入ってからであった。やり始めると面白くなって、グループメンバーから二人を割いて彼らとともに土曜・日曜も続けていたら、簡単なことが残されていることが見つかった。

　吸水力は重合したポリアクリロニトリルがアルカリによる加水分解に

173

第2部　研究開発から事業化に至った事例から成功要因（KSF）を学ぶ

よって、アクリル酸ナトリウムとアクリアミドの混合物になり、それが強いアルカリ下で一部がイミド化し橋架け状態になっていることが推定された。さらに、デンプン一単位当たりに2個アクリロニトリル・モノマーが水素結合によってつながっており、それが高い重合度を与えていることが分かった。このことから、吸水力は水溶性ポリマーを適度に網目状にすれば得られることが推定された。

そんなことで、2月の下旬にそれらしきものができてサンウェット®IM－70と名づけた。すぐに吸収量が300倍に改良できたので、IM－300に名前を変え、上司である研究部長に報告したところ、研究所長の部屋へ連れて行ってくれた。後の社長になる藤本武彦氏である。部長は所長にサンプルを見せて「是非、商品化しましょう」と言ってくれた。「何に使えるのか」と聞かれ、私は即座に「紙おむつです」と答えた。これが事実上の開発のスタートであった。

少し後になって、我々にはバイブルであったフローリーの「高分子化学」をめくってみると、上記の考えが既に数式化さているではないか。フローリーの本では、まだ吸水力（absorb）ではなく膨潤（swell）という表現ではあったが、原理は一緒である。それでこれでは組成特許は無理と考え、日本とアメリカに製造法の特許を出願した。1975年3月のことである。

当時、日本ではまだ布製のおむつの時代で、紙おむつは全く普及しておらず、また欧米でも普及率が20%前後の時代であった。普通に考えればこの樹脂の用途は、緑化だとか土壌保水剤とか芳香剤用ゲルとかが考えられたが、前述の英文雑誌に応用の一例として「レス・バルキーな紙おむつ」という言葉があり、これが私の心をとらえていた。それからは高吸水性樹脂（SAP）専任のグループになり、開発がスタートした。しかし、私としては他にもいろいろやりたい探索研究があったので、SAPに専任化されるのは少々不満だった。当時はその程度の認識でしかなかったのである。

174

2．魔の川、死の谷を乗り切った要因

その頃はオイルショックの不況が日本を覆い、各社は新規事業を試みていた時代であった。当社もそれに漏れず1976年に組織改革があって、研究所を分割し新たに新事業開発部的な新しい部署ができ、我々もその部隊に入った。

そこには少人数ながら営業出身の人もおり、それからは彼らとともに市場開発を開始、当初は紙おむつを目指したがまだ世界的に紙おむつの普及は極端に低く時期尚早のため、結局、生理用品用途からスタートすることになった。当時の生理用品市場は歌手・研ナオコの「お厚いのがお好き」のキャッチフレーズで分厚い製品からパルプを使用した薄型が流行始めていた。その波に乗って、生理用品メーカーが採用してくれることになり、1973年4月に医薬部外品としての厚生省の認可も得ることができた。この間、幸せだったことは、四国や関東の生理用品メーカーに多くの親しい友人ができたことであった。この人達のおかげで、生理用品など衛生材料にはどんな性能が要求されるのか、また加工性には何に気をつけなければならないのか、厚生省への提出資料の作成など、実際の商品化に必要な事柄を教えてもらえたことは実に有益であった。

さらに幸運だったことは、当時の生理用品業界は、ユニ・チャームをはじめ、四国の製紙加工会社が中心であったが、花王石鹸も高吸水性樹脂に目を付け、当社の水溶液重合法とは製造方法が全く異なる逆相懸濁重合法によって、密かにSAPを独自開発しており、これを使用して生理用品市場に新規参入しようとしていたのである。その情報が既存の生理用品メーカーに伝わり、一気にSAPの市場が開けたのは、天運としか言いようのないことであった。

一方で生産のスケールアップも忙しかった。研究所のあり合わせの設備の小さなパイロットで色々試行錯誤し、苦労の連続であったが、とにもかくにも1978年8月に当社の名古屋工場で年産300トンの小さなプラントができた。まだ紙おむつの時代ではなく、結局、生理用品用途からスタート

第2部　研究開発から事業化に至った事例から成功要因（KSF）を学ぶ

することになったが、研究室から3年半ほどで、とにかく商業生産にこぎ
つけることができたのは、幸運が重なったとしか言いようないことであっ
た。

3．ダーウィンの海を乗り切った要因

　当初は生理用品向けに爆発的に売れた。しかし1979年に入ると、全国配
荷が一巡して一年ほどで定常状態の需要となり、売り上げが落ちはじめた。
そこで本命と考えていた紙おむつ向けの用途開発に取り組んだ。先ず、紙
おむつの先進地域である欧州へ、上司とサンウェット®を紹介に出かけた。
その結果、割と早くSAPの引き合いが来て、翌年にはドイツのシッケダン
ツ社とフランスのベガンセイ社に採用された。この両社が同時に世界最初
のSAP入り紙おむつメーカーとなったのである。1980年6月のことであっ
た。

　一方、日本の市場は相変わらず布おむつで、一部リンレイと言った貸し
布おむつがある程度であった。しかし、ここでもびっくりするような幸運
が訪れた。昭和50年代前半（1975～1980年）にP＆G社が九州に上陸し、ま
たたく間に日本中に紙おむつを普及させて、その市場を作り上げてくれた
のである。当時は紙おむつというと“パンパース”という状態で、P＆G
社のシェアは90％以上あったと思われる。しばらくすると花王やユニ・
チャーム、遅れて王子製紙や大王製紙が紙おむつ市場に参入、まだSAPは
使用されていなかったが、SAPが紙おむつに使われるのは、もはや時間の
問題であった。ここでも、かつて生理用品の開発で一緒に取り組んでくれ
たメーカーの人達が、いろんな面で助けてくれた。

　こういう状況下で、1981年11月に当社名古屋工場に年産1,000トン（1980
年）のSAPプラントが完成、翌年には国内の紙おむつメーカーにSAPを採
用していただき一気に市場が拡がった。

　さらに1984年にはアメリカの紙おむつメーカーに市場開発用に1,000ト
ンを納入し、そのアメリカのメーカーからは「市場開発の結果が良好なの

で、3万トンの生産設備を作ってほしい、全て引き取るから」との要請があり、来日して交渉になった。たまたま私もその席上に書記として出席していたが、3万トンの設備建設には当時で約30億円必要であった。先方からはコンピート・クローズの条文があり、競合他社との価格競争により、どうしてもやむを得ない時には、SAP価格の値下げを要請する権利があるとなっていた。この点で、当時の経営者は「当社は飲めない」として交渉は決裂した。私としては誠に残念な一幕であったが、当時の当社の規模としてはやむを得ず、経営者の判断は正しかったのであろう。

とはいえ引き続き部長や海外営業部の人達と、欧州各国、台湾、香港など多くの外国企業を訪問し、輸出することができた。その間、大型設備を構える時間的な余裕が無いため小幅増設を繰り返し、なんと第11次増設までやることになった。そうこうしている内に、海外の化学メーカーから技術導入の話があり、1985年にはアメリカセラニーズ社に技術輸出して、アメリカでの生産が始まり、年産9万トンの規模になった。さらにそのセラニーズ社がドイツのヘキスト社に買収され、1987年ヘキスト社にもSAPを技術輸出でき、一時的には、世界の30％強のシェアになった。

その一方1990年代に入ると、このSAP市場に多くの化学企業が参入して、大変な価格競争・技術競争が始まる。ダウ社、BASF社、ローム＆ハース社、日本触媒などの大手のアクリル酸メーカーがSAPの生産に乗り出し、SAP事業を拡大させていった。日本でも多くの化学会社がSAP事業に参入し、世界を含めると一時は20社以上が参入し、需要の拡大も相まって価格低下が激しかった。且つ悪いことにヘキスト社が医薬会社に変身してSAP担当の事業部はBASF社に売却され、おまけに技術輸出契約の更新がなされず、この時代はアクリル酸を持たない当社のSAP事業は、グローバル化の波にもまれ辛い時期であった。

これを乗り切るには、先ずSAPの性能の大幅な改善と、生産コストの低減しかない。前者については、紙おむつの性能とSAPの機能との関係を追求、いくつかの新たな技術を開発することができた。中でも、紙おむつの

177

第2部　研究開発から事業化に至った事例から成功要因（KSF）を学ぶ

性能はお母さんが手でおむつを触って判断するので、それを数値化するために高加圧下吸収量（AUL）という指標を設定し、その向上を目的に組成や製造プロセスを改善したり、吸収量を20%アップしたり、吸収速度をコントロールしたりし、吸収量とゲルの剪断安定性を両立するなど、品質のアップに努め、また紙おむつ表面の水分測定評価装置を作って紙おむつメーカーへの技術サービスを行って乗り切ってきた。

　一方では、1トン当たりの建設コストを6割まで下げる工夫をして増設を続け、現在で年産40万トンの能力で生き残りをはかっている。

4．事業継続（BCP）・発展の鍵

　振り返ってみると、発明より開発の方が何倍も難しいことを実感する。特許を見れば分かるように数え切れないほどの発明はあるが、その中で大きな事業になる例が少ないのは周知の事実である。大きな事業にするには、発明よりも開発であり、育成のほうが重要で難しい。そこに多くの人の智恵と労力と決断を要する。品質面でも生産プロセスの面でも営業の面でも、禅の言葉に「小悟百回、大悟十回」の言葉があるように、競合との刺激の中で何回も何回も革新と改良を重ねなければ、技術も市場も発展しないものであろう。

　思えばSAPはまだ40年程の歴史であるが、その誕生からグローバル化まであっという間に駆け抜けた感じがする。その間、世界の需要は急速に伸びて200万トンを超えるようになったが、今後もBRIC'sなどの発展や女性の社会進出などによって成長し続けることと思う。

　しかし、これだけ使用量が大きくなると、生産工程でのエネルギー消費の問題も無視できなくなり、また紙おむつの廃棄の問題も業界全体を含めた大問題で、この対策なしには事業継続も難しくなるのではなかろうか。廃棄の問題はエコSAPの開発が必要であり、砂漠緑化への応用など、新たな用途開発を考えねばならない時代が来るように思われる。

事例 11 － 三洋化成工業

KSF

1. 研究テーマ決定までの経緯
- ・自由な探索研究
- ・開発リーダーの決断

2. 魔の川、死の谷を乗り切った要因
- ・営業、研究、生産一体の開発体制
- ・想定ユーザーの設定と交流

3. ダーウィンの海を乗り切った要因
- ・世界的視野での活動
- ・製品性能アップへの飽くなき追求
- ・ユーザーへの技術サービス

4. 事業継続（BCP）・発展の鍵
- ・投資コストの低減
- ・環境問題への配慮
- ・新たな用途展開

関連文献

1．*Chemical Week*, July 21, 24（1974）
2．特許1157530
3．USP4194998
4．増田房義『高吸水性ポリマー』高分子学会編　共立出版社（1987年）
5．「高吸水樹脂の成功」『匠たちの挑戦（2）』（社）研究産業技術協会監修、オーム社（2002年）
6．増田房義「SAP工業化の軌跡」『化学経済』11月号、p79, 化学工業日報社（2010年）

179

事例12. 樹脂用永久帯電防止剤の開発
― 三洋化成工業株式会社

事例紹介者：前田 浩平

1．研究テーマが決まるまでの経緯

　1991年当時、研究本部内で毎月1回研究本部長による各研究部の業務ヒアリングが行われていた。樹脂用のケミカルスの開発担当である機能性樹脂研究部の業務ヒアリングにおいて、帯電防止剤(低分子量の活性剤)担当者から、一既存ユーザーからABS樹脂用の練り込み型永久帯電防止剤(海外品)同等品開発の依頼に対応したテーマの検討状況が報告された。用途がファミコンカセットケース用ということもあり、ユーザー要望に早く応えるよう戦力体制を強化して開発を進めるよう指示が出された。数名で開発を進めていく中で、同等品では特許上の制約も多く、同等品は作れても特定ユーザーのみの限定的な開発製品に終わる可能性があることが次第に明らかになり、次回以降の業務ヒアリングでは、何とか多くのユーザーに使ってもらえるような汎用製品を作れないか検討すべしとの強い指示、激励が出されるようになった。そのおかげもあって、1994年にはABS樹脂等スチレン系樹脂に容易に永久的な帯電防止効果を付与できる当社独自の芳香族含有ポリエーテルエステルアミドが開発でき、上市に至った。当社としては当時珍しかったペレット状の製品で、帯電を防止する(アンチスタット)ことから、「ペレスタット®」の商標を取得し、積極的に用途展開を図った。スチレン系樹脂限定ではあったが10%程度添加してもらうと、$10^{11}\Omega$程度の表面抵抗となる。ほこりが嫌がられる掃除機ダストボックス、電気ショックがトラブルとなるゲームケースやパチンコ台用部品に用途が拡大し、一時期は10億円程度の売り上げにつながった。

　ゲーム機、パチンコにはブームがある。また帯電によるトラブル防止は

第2部　研究開発から事業化に至った事例から成功要因（KSF）を学ぶ

回路上の対策がとられるようになり、一世を風靡したこれら用途向けの売り上げは次第に減っていった。担当の営業・研究は、ゲーム機、パチンコ台に次ぐ新規用途展開に悪戦苦闘していた。そんな中、当時の研究本部の「ABS樹脂用だけではこの仕事は大きくならない。より汎用樹脂であるオレフィン樹脂用にも適用できるはずだから工夫すること。」との指示により、直ちにテーマが設定され、開発の方向性が定まった。

2. 魔の川、死の谷を乗り切った要因

　汎用樹脂の代表であるポリオレフィン樹脂に使用する帯電防止剤の開発には、添加量が重要である。検討開始当初はABS樹脂用で開発したポリエーテルエステルアミドを、酸変性ポリオレフィンを分散剤（相溶化剤）として分散させることを試みたが、帯電防止剤成分であるポリエーテルエステルアミドと分散剤あわせて20％以上の添加が必要であった。こんな多量の添加量では、コストアップと物性低下の両面で、市場には全く受け入れられるはずもない。帯電防止剤機能を有するポリエーテル（ポリエチレングリコール）ブロックを如何にしてポリオレフィン樹脂に分散させるかが鍵であり、ABS樹脂用のポリエーテルエステルアミドの分散剤としての機能を担っているポリアミド鎖を、ポリオレフィン鎖に変えることができれば、分散剤を使用することなく、ポリオレフィンに容易に分散する永久帯電防止剤はできるはず、と考えはしたものの、ポリエーテルと結びつける活性な基を持つポリオレフィン鎖など思いつかず、あてのない希望であった。そんな状況が続いた中、研究グループの一人がヒントとなるPPの熱分解に関する古い文献（工業化学雑誌[2]）を見つけた。熱分解PPは、オリゴマー領域（分子量5,000以下）では、両末端2重結合が主成分になることを示した文献であった。熱分解PPの末端2重結合にマレイン酸を付加すればカルボキシル基変性PPができる。これとポリエチレングリコールと反応させれば、欲しいPP鎖を有するポリオレフィン－ポリエーテルブロックポリマー（新規なオレフィン系エラストマー）が得られるに違いな

182

事例 12 － 三洋化成工業

い。PP鎖は、オレフィン樹脂に対する分散セグメントになると同時に、ブロックポリマーのハードセグメントにもなり、必要なエラストマーとしての性質も付与できる一石二鳥の効果ともなる。また幸運なことに、会社は当時、国内では唯一の熱分解法によりポリオレフィンワックスを製造しており（1970年頃から商業生産開始）、なんと目の前にこのシーズがぶら下がっていたのだ。ヒントになる文献を見つけることができ、またそれを応用する素材が身近に存在する、などという幸運、いやこれは単なる幸運であろうか。以前から当社研究では、古い文献を定期的に読んで、それをアイディアのきっかけとすることを推奨していた。最先端の学術文献では、それを応用する技術もまた最先端で、応用するだけの技術が培われていないことが多い。10年から20年前の文献であれば、比較的応用しやすい技術になっているかもしれないとの考えだが、これが当てはまった。またそれ以前に、研究者が常に考え続けることが、わずかなきっかけを逃さなかった結果であると信じたい。

オレフィン用永久帯電防止剤の合成スキーム

3．ダーウィンの海を乗り切った要因

　このような経緯を経て、1999年添加量は5％でもほこり付着防止に必要な表面抵抗値（$10^{12}\Omega$）付与が可能なポリオレフィン用帯電防止剤「ペレスタット®300」が生まれた[3]。低添加量化を達成したことで、最初は産業資材コンテナやゲーム機用椅子が需要であったが、液晶関連の搬送シート、トレイに採用されたことで、用途は少しずつ拡大していった。ABS樹脂用に続き、ポリオレフィン用も揃ってきたことで、樹脂の永久帯電防止

事例 12 － 三洋化成工業

剤の用途開発を進めるべく、会社では珍しいアメリカの展示会（1999年
ESD展示会、2003年PLASTEC展示会、2004年NPE展示会）に商社（当時トー
メン）と共同で出展し、営業、研究でアピールに駆け回った。これらの拡
販活動により、2004年には「ペレスタット®300」はようやく200トン／年
を超える販売量となっていた。それでも、開発から5年が経過してＡＢＳ
樹脂用帯電防止剤のまだ20％にも達していなかった。数トン／年程度の小
さな案件はいくつもあったが、なかなか大幅な売り上げ増につながる案件
が見つけられず、営業と足で稼ぐ毎日であった。

　ちょうどそのころ、とある発泡成形メーカーさんから、ポリオレフィン
樹脂用永久帯電防止剤が数百トンの供給が可能かの問い合わせが入った。
半信半疑、営業・研究で状況を確認に行ったところ、大手ガラスメーカー
や大手シートメーカーが、液晶関連の搬送シート、トレイでの用途開発を
進めていたことが分かった。液晶テレビの組み立て工場は、静電気が原因
となるわずかなごみの持ち込みを嫌う。帯電防止は液晶関連部品の運搬に
重要な機能だったのだ。あれよ、あれよと、需要が急拡大し、2006年には、
この用途だけで500トンを超える販売となり、ABS樹脂用と合わせた樹脂
用永久帯電防止剤の販売量は、約2,000トン程度となった。テレビがブラ
ウン管テレビから液晶テレビへと急激に変わっていく中で、液晶関連の搬
送シート、トレイとして採用されたことは幸運であった。国内に加え、韓
国や台湾、中国のコンパウンド、成形メーカーでも、ノートPC、携帯電話、
スマートフォンなどで液晶関連搬送シートやトレイに永久帯電防止剤が必
要となり、ニッチな用途ではあるが、「ペレスタット®」がグローバルに認
知されることになった[4]。

4．事業継続（BCP）・発展の鍵

　「ペレスタット®300」開発後は、樹脂用永久帯電防止剤を大きく普及さ
せることを目指し、家電ハウジングなどに使用してもらえるよう、添加量
の大幅低減を目指し開発を進めた。その結果従来品の約半分の添加量（3％

185

第2部　研究開発から事業化に至った事例から成功要因（KSF）を学ぶ

程度）までは添加量低減に成功し、「ペレクトロン®」という新しい商標で家電ハウジングなどの汎用樹脂用に開発を進めたが、この程度の添加量低減では結局狙った大型開発には結び付かなかった。この用途で市場開発するには、コストの観点から添加量1％以下を目指さないと難しい。

　一方で、ほこり付着防止に必要な表面抵抗値（$10^{12}\Omega$）ではなく、半導電性に近い10^8から$10^9\Omega$のニーズが顕在化してきた。「ペレスタット®300」の液晶部品搬送材料に似ているが、半導体や、かなり精密な電子部品の搬送材料の市場である。搬送時に何らかの電気ショックがあると不良品率が高くなってしまう。電子部品の工場間移送や、最終製品組み立て工場への部品納入に必要な機能であった。競合技術に、カーボン練りこみにより導電性付与した樹脂材料もあるが、カーボンの脱落恐れや容器が真っ黒で中身が視認できないなどの難点があり、当社「ペレクトロン®」の採用が進んだ[5]。

　またさらに昨今、粉塵爆発対策の法規制（ATEX）が欧州を中心として広まってきたことが追い風となり、粉体製品の容器（フレコンバッグなど）への展開が広がりつつある。このような法規制対応によるニーズは、自ら作ることができないが、機を見て上手に開発を進めることにより、確実に市場拡大につながる。現在鋭意開発中である。

　永久帯電防止剤の開発は、まだまだ途半ばである。不特定多数のユーザーに継続的に販売し、拡大していくことの難しさがある。ゲーム機、パチンコなど、数年間は大きな売上であっても、あっという間にゼロになってしまう用途がいくつもあった。そのような中、電子部品搬送シート、トレイのようなニッチな市場でもグローバルな標準品として使用されれば、安定して継続的使用される用途もある。

　今後プラスチック用添加剤として、酸化防止剤や耐光性安定剤のように、樹脂に添加されることが当たり前になるには、1％以下で機能を発現させる低添加量化と、グローバル化に対応したマーケティング力や技術サービス力が必要になると思われる。

事例 12 － 三洋化成工業

KSF

1. 研究テーマが決まるまでの経緯
- ・一既存ユーザー向け同等品作成テーマがきっかけ
- ・汎用製品（ポリオレフィン用帯電防止剤）開発への方針変更

2. 魔の川、死の谷を乗り切った要因
- ・社内シーズ（熱分解PP）の活用
- ・10～20年前の文献にヒント

3. ダーウィンの海を乗り切った要因
- ・大口用途を見つけるのに苦戦
- ・液晶用ガラスの搬送シートが大ヒット

4. 事業継続（BCP）・発展の鍵
- ・従来品の半量で効果の出る開発品ではパワー不足
- ・低添加量化技術を低抵抗化に生かし活路
- ・今後は添加量をさらに低減した汎用樹脂添加剤がターゲット

受賞歴

近畿化学協会 化学技術賞（2007年）

関連文献

1. 特許2565846（USP5652326）
2. 村田勝英、牧野忠彦、日本化学会誌、1，192（1975）
3. 特許3488163（USP6552131）
4. 千田英一、成形加工、17，No.12，805（2005）
5. 千田英一、色材協会誌、90，No.11，388（2017）

事例13. 高吸水性樹脂（SAP）の開発
― 株式会社日本触媒

事例紹介者：近藤 忠夫

1．研究テーマ決定までの経緯

(1) 社内要因

アクリル酸系ポリマー材料開発という全社重点技術開発戦略に沿った新規アクリル酸系ポリマー材料の研究開発に注力し、1973年に高分子量ポリアクリル酸ソーダ（HPSA）を凝集剤、食品添加物用途として企業化した。HPSAの開発研究の実験中、偶然に水で膨潤するゲル、すなわち後の高吸水性樹脂（SAP）の原型ができた（1972年）。そこでSAPの用途開発を進めることにした。

(2) 社外要因

1977年頃衛生材料の経血吸収剤（生理綿）としての用途を発見し、テーマ化したが、市場規模が小さく且つ医薬部外品の認可が必要（1981年に認可）であることから中断した。

1984年当時は下記のように、日本では10社ほどが各種原料・製法でSAP企業化を目指していた。

①デンプンとアクリル酸を原料とした水溶液重合（三洋化成）

②アクリル酸を原料とした逆相懸濁重合法［製鉄化学（現住友精化）、花王］

③アクリル酸を原料とした水溶液重合（日本触媒）

④アクリル酸カリウムを原料とした水溶液重合（荒川化学）

⑤酢酸ビニルとアクリル酸を原料とした懸濁重合（住友化学）

⑥PVAを原料としたポリマー加工（日本合成）

⑦CMCを原料としたポリマー加工（ダイセル）

第2部　研究開発から事業化に至った事例から成功要因（KSF）を学ぶ

⑧その他輸入品

これらの製法の多くはその後大幅に淘汰された。

当社アクリル酸の販売先がSAPの開発を進めていたことから、社内では顧客と競合するのはよくないという意見が強く、SAPの企業化に反対意見もあった。

2．魔の川、死の谷を乗り切った要因

パイロットプラントを建設し、経血吸収剤用途で、国内の衛生材料メーカーに重点的にワークした。しかしながら生理綿用途は医薬部外品の認可が必要であり、且つ市場規模が小さく、性能的にも不十分であったので、1978年に開発を断念した。

1978年高吸水能を目的としたポリマーの研究にターゲットを変更してシーズ創りに注力した。最初は静置重合法で検討を開始したが、徐熱とゲルの切断が必要であり、且つ生産性が低いことから、1980年に特殊混合機を重合機として用いる方法を開発した。さらに1984年に高生産性重合法を開発し、工業的生産法の目処をつけた。

その間、1983年に世界最大手のアメリカ衛生材料メーカーから、新たに紙おむつ用途として大きなニーズがあり、表面処理方法（表面架橋法）による吸水力の向上など性能をさらに改良し、採用を目指した。

3．ダーウィンの海を乗り切った要因

国内の衛生材料メーカーの経血吸収材料用途向けに1983年に第一SAP製造プラント（1,000トン／年）を完成させ企業化したが、経血剤以外にも販路を拡げるため、主用途を紙おむつに切り替えて世界最大手のアメリカ衛生材料メーカーにサンプル出荷した。このサンプルの評価結果が良く、潜在顧客より年産万トン級の設備投資の要請があった。当時の当社にとっては多額の投資であり、社内で大きな議論となったが、大きなリスクをとっ

190

事例 13 － 日本触媒

て投資の決断ができた原動力は、研究・開発陣の強い熱意と、何よりも社長の速やかな英断であった。その後生産性向上のためのプロセス改良をおこない、最初は顧客の要求性能が出ず苦労したが、何とか乗り越えて、1985年に第二SAP製造プラント（1万トン／年）を完成させ、世界最大手の衛生材料メーカーの紙おむつ用途に正式に採用され、その後毎年のように年産万トン級のプラントを逐次建設して顧客ニーズに応えていった。

4．事業継続（BCP）・発展の鍵

　事業化後も顧客の要請に迅速に応えて、ポリマー製造技術の革新による生産性の向上・生産規模の拡大と技術改良による製品の高機能化を果たしてきた。さらに新規顧客の開拓、赤ちゃんの紙おむつ用途だけでなく、近年需要が急拡大してきた大人用紙おむつ用途の製品開発・事業化も進め、事業構造の拡充・複層化を果たしてきた。

　顧客の要請に応えて生産拠点のグローバル展開を進め、原料のアクリル酸製造設備とのセットも含めて、日本、アメリカ（1988年）、ベルギー（2001年）、中国（2004年）、インドネシア（2013年）に生産拠点を持ち、2018年現在、合計71万トン／年の生産規模の大事業に成長した。

　なお衛生材料用途以外では

　①家庭用製品：使い捨てカイロ、食品保冷剤、ペット用吸尿剤

　②工業用品：光ケーブルの止水テープ、トンネル漏水防止水膨潤ゴム、
　　　　　　　摩耗低減剤

　③植物：乾燥地帯の農業・植林の保水剤、砂漠の緑化保水剤

など多方面に用途が広がっている。

191

第2部　研究開発から事業化に至った事例から成功要因（KSF）を学ぶ

KSF

1. 研究テーマ決定までの経緯
- 研究開発戦略（戦略モノマーの高分子材料化）に合致
- 自社コア技術の活用

2. 魔の川、死の谷を乗り切った要因
- 高生産性重合法の開発、パイロットプラントによる確認
- 用途開発途上、世界最大手からの紙おむつ用ニーズに遭遇
- 潜在顧客の種々の性能要求への迅速な対応

3. ダーウィンの海を乗り切った要因
- 潜在顧客の年産万トン級のニーズに迅速に設備対応
- 経営トップの強力なサポート

4. 事業継続（BCP）・発展の鍵
- ポリマー製造技術の革新による生産性の向上・生産規模の拡大の達成
- 顧客との密接な技術摺り合わせによる要求性能への対応
- 新規顧客・新規用途の開拓
- 顧客の要請に対応した生産拠点のグローバル展開
- 原料モノマー・製品ポリマー設備の一貫生産体制の構築

関連文献
1. 下村忠生「世界の標準となったアクアリックCA－高吸水性ポリマー開発ものがたり日本触媒」『化学経済』9月号、化学工業日報社(2003年)
2. 下村忠生「高吸水性ポリマーの開発－世界に誇る日本の技術」『未来材料』エヌ・ティー・エス社、第3巻、第7号(2003年)

事例14. 無機質マイクロカプセルの創製と実用化
（国有特許の実用化例）
― 大阪工業技術研究所
（現 産業技術総合研究所関西センター）

事例紹介者：中原 佳子

1．研究テーマ決定までの経緯

　当該研究開発を行った大阪工業技術試験所（大工試）は、1918年（大正7年）に創立された通商産業省（現経済産業省）工業技術院傘下の科学工業関係の研究を行って来た研究機関である。研究開発は国の科学技術政策の下で行われ、開発テーマの決定は出発点も経緯も民間におけるそれとは異なる。

　無機質マイクロカプセルの創製は1960年代に開始された「不変色高級無機顔料の開発」（大項目）の「顔料の固体/液体系における界面化学の研究」（小項目）において顔料の界面化学的特性を研究するための標準試料の作製のために生まれた球形・多孔質・中空微粒子の製造方法で、「界面反応法」と命名された(1975年)。本法を適用することによって、種々の無機化合物（顔料の成分となる金属酸化物・炭酸塩・硫酸塩化合物など）粉体微粒子に下記の機能を付加することができたため、学界・産業界からも注目された。

　①粒子形は球形である。また中空粒子の場合も多い。

　②粒子直径は1〜20µmの範囲に分布している。

　③粒子表面は多孔質で、比表面積は著しく大きい。

　④粒子の外部表面は疎水性、内部表面は親水性である。

　⑤見かけ比重は小さい。

　⑥通常の水溶液反応においては生成しない特殊な結晶構造を有する化合物が生成する。

第2部　研究開発から事業化に至った事例から成功要因（KSF）を学ぶ

⑦生成した球形粒子は、酸化・還元処理、熱処理、酸処理などを行って
　もその球形の形態は保持される。

1975年1月、国有特許「微小球の製法」を出願した。さらに関連する物
質特許・用途特許等を企業との共同出願も含めて出願した。

2.　魔の川、死の谷を乗り切った要因

　基本特許出願後、多数の化合物に適応するための研究を展開し、口頭・
論文発表、各種講演会での講演をはじめ、工業技術院の機関紙 "工業技術"、
財団法人産業技術振興協会（国有特許等成果の管理運営を行う工業技術院
の外郭機関、略称　技振協）の "JITA NEWS" の他、新聞、科学系雑誌等々
での広報活動を積極的に行った。

　また、国有特許の実用化を図るために、技振協を通じて、組織的に当該
研究開発技術に関する情報の提供を行い実施企業の探索を積極的に行っ
た。

　その結果、広範囲の分野（塗料、医薬品、農薬、化粧品、建築・建材、
食品、電子等）の企業からのコンタクトがあり、実用化の可能性を探るた
め国－企業間での1年間程度の共同研究、技術指導を実施した。

　これらの企業の一つである鈴木油脂工業が、1986年に当該国有特許の実
施契約を大阪工業技術研究所・技振協との3者間で締結し、主として無機
マイクロカプセルの製造を進め、
　・サンプルの中規模量の製造と、潜在顧客への提供
　・各種用途における性能テスト
　・発明者(国)、メーカー、ユーザーの三者による用途特許の共同出願
　・製造プラント装置設計に関わる特許出願　（類似製品製造を防止でき
　　た）
　等を行った。

194

事例14 − 大阪工業技術研究所

　その後、実施契約企業としてポーラ化成工業、コーセー、ライオンの3社が加わり、それぞれの商品「ポーラリアスダスティングパウダー」「アンテリージェパウダーファンデーション」「アンテリージェリキッドファンデーション」「制汗デオドラント『バン』シリーズ」を上市し、技振協発行の“JITA NEWS”プラザ覧に発表した(1991年)。

　なお、これらの商品開発のための素材(無機マイクロカプセル)は全て鈴木油脂工業が製造し供給した。

3. ダーウィンの海を乗り切った要因

　フラスコからベンチスケール、パイロットプラントを経て本製造設備の完成とそのための工場建設は鈴木油脂が行った。

　無機マイクロカプセル関連製品は多品種・少量生産を必要・不可欠としているため、パイロットスケールの製造設備を本製造設備として使用した。これらの新規技術開発と設備整備に関わる多額の経費を補填するために、通商産業省技術改善補助金(50%補助)制度、大阪府中小企業補助事業等への応募を行い採択された。西宮市に建設中の工場屋・製造プラントは1995年の阪神大震災で被災したが被害を最小限に抑えることができた。

　工場建設と時期を同じくして、社内にカプセル事業部を創設し、研究開発部門の拡充と、顧客との緊密且つ迅速な対応を図ることができた。

4. 事業継続(BCP)・発展の鍵

　無機マイクロカプセルのうち特に販売量の多いシリカマイクロカプセルの商品名を「ゴットボール」と命名した。これらの製造・販売量は、1991年約30トン、1992年約40トンに始まり、増減はあったが製造開始後25年余が経過した現時点では、80〜100トン／年で長期に顧客(日本、米、仏)が確保され、ロングセラー製品となっている。

　その要因としては、本製品の使用量は少ないが、化粧品分野における通気性・くすみ防止・皮脂吸収・保湿等の機能性パウダーとして、生活分野

195

第2部　研究開発から事業化に至った事例から成功要因（KSF）を学ぶ

における抗菌・脱臭機能材料として、化学・物理分野における均一微粒子を必要としている機能性材料として広範囲に利用されていること等が考えられる。また、製品を少量でも製造・供給することによって顧客のニーズへの継続的な対応を行っていること、製造方法にノウハウが多いことで競合企業がないことなどを挙げることができる。

KSF

1. **研究テーマ決定までの経緯**
   - 当該技術の価値評価
   - 中小企業社長の国有特許実施の決断

2. **魔の川、死の谷を乗り切った要因**
   - 国の研究機関を中心として、公設研究機関、大学、ユーザー企業間の連携体制の確立
   - 学界での論文の他、学術セミナー、成果普及セミナー等における成果発表
   - 国内外の多数の研究・開発者からの技術支援・共同研究等

3. **ダーウィンの海を乗り切った要因**
   - 研究開発資金の確保
   - パイロットプラントと製造設備との間の格差がない
   - 社内研究開発部門の拡充・強化

4. **事業継続（BCP）・発展の鍵**
   - 高付加価値製品である
   - 製造方法にノウハウが多い
   - 顧客ニーズへの継続的対応

受賞歴

1．色材協会論文賞（1989年）
2．科学技術庁長官賞（1995年）

関連文献

1．中原佳子、本橋和則、田中裕子、宮田謙一、色材、**31**, 521（1978）
2．中原佳子、表面、**25**, 578（1987）
3．Y.Nakahara, "Intelligent Materials and Systems", in *Advances in Science and Technology* **10**, 239-250（1995）
4．中原佳子、近畿化学工業界、 **47**, No.4, 2（1995）
5．中原佳子、粉体工学会誌、**36**, No.7, 25（1995）
6．"鈴木油脂工業株式会社　50周年記念誌　*50年のあゆみ*"（1999）

出願特許

（国有特許）
1．特公昭57-55454
2．特公昭54-6251
（共同出願特許）
3．特公平05-3449
4．特公平04-58408

事例15. テレケリックポリマーの開発
── 株式会社 カネカ

事例紹介者：中川 佳樹

1．研究テーマ決定までの経緯

カネカでは、末端に架橋性シリル基を有するポリエーテル液状樹脂であるMSポリマーが主力製品の一つであり、建築シーラントや弾性接着剤の原料樹脂として、グローバルに利用されている。このMSポリマーの性能をさらに高めたポリマーとして、主鎖を耐熱耐候性に優れたポリアクリレートにしたテレケリックポリアクリレートが開発ターゲットにされてきた。しかし、ポリアクリレートの制御重合は困難であり、開発できていなかった。

1990年代半ばに、高分子合成研究の大ターゲットの一つであったリビングラジカル重合技術が開発され始めた。1995年から筆者（中川）が、社内の海外留学制度を利用して、アメリカCarnegie Mellon大学（CMU）Matyjaszewski研に博士研究員として留学したが、その直前に、同研究室で原子移動ラジカル重合（ATRP）が開発された。

1996年より、ATRP技術を産業利用するためのATRP ConsortiumがCMUで開始され、世界中の化学メーカーとともに、カネカも会員になった。

1997年に筆者が帰国してから、ATRP技術を利用したテレケリックポリアクリレートの開発テーマが本格的に開始された。

2．魔の川、死の谷を乗り切った要因

ATRP技術は、CMUを中心に技術開発が進み、多様なビニル系モノマーを精密制御して重合することが可能になり、アカデミアにおいては、高分子合成研究分野に留まらず、構造制御されたビニル系ポリマーを合成する

第2部　研究開発から事業化に至った事例から成功要因（KSF）を学ぶ

ツールとして、非常に広く利用されるようになった。一方、多くの企業が上述のConsortium会員となり、工業化を目指したが、カネカがその先陣を切って世界初の工業化に成功した。

　ATRPでは、それまで困難であったポリ（メタ）アクリレートの制御重合が可能になったが、それでどのような市場価値を提供できるかが工業的には重要である。各社が様々な用途開発に取り組んだが、カネカは、上述のMSポリマー事業の基盤をもとに、本技術はテレケリックポリアクリレートの合成に有用であると考え、当初からそれをターゲットとして絞り込んで研究に取り組んだ。

　研究課題は、重合制御、末端官能基導入、触媒除去、ポリマーデザイン、スケールアップ等、多岐に渡った。難易度の高い課題が多かったが、若い研究者が協力して取り組み、セレンディピティ的なブレークスルーもあり、比較的短期間で基礎的な技術は確立した。

　一方、世界中の化学メーカーがかなりの研究資源を投入していることはConsortiumで明らかであり、製品ターゲットが異なっても、重合制御技術や触媒除去技術等、製造工程の一部でも競合企業に先行して特許取得されると、工業化の大きな障害となる懸念が存在した。よって、開発された技術は周辺技術も含め当初から迅速な特許出願を徹底した。それでも、自社特許が公開されるまでは、先行できているかどうかは不明であり、技術開発が進捗していればいるほど、その実施権が確保できているかどうかの心配が募った。しかし、幸いにして、ほぼ全ての特許が他社に先行し、権利化することができ、特許的な障害はなかった。

　テレケリックポリアクリレートのような複雑な構造をしたポリマーの製造工程は非常に複雑なものとなる。ラボでは簡単なプロセスでも、工業化は困難なものも多い。研究開発の初期段階から、プロセス技術者と一体になって研究に取り組み、工業化プロセスを意識した合成技術を開発した。合成技術者とプロセス技術者の全く異なる視点が合わさって見出だされた技術がいくつも存在する。

200

事例 15 － カネカ

　さらに、製造現場の力も非常に大きい。世界発の重合技術で、全体の工程も非常に複雑であり、当初はパイロットプラントとして設置されたものを能力増強したために、自動化されていない部分がほとんどであり、さらに非常に多様なグレードを併産する必要もあった。そのため、製造現場には非常に負荷がかかったが、品質確保、安定生産、生産性向上、コストダウン等、製造現場が主体で生産技術を大きく向上させた貢献は大きい。

　テレケリックポリアクリレートは、フィラーや可塑剤、硬化触媒等、非常に多くの副原料を配合して利用される。新しい樹脂であるため、この配合技術も新規に開発が必要であり、さらにその用途も新規となる。よって、良いポリマーができたと言っても、それだけを顧客に提供しても利用してもらえない。配合技術および用途技術についても、合成技術と並行して開発を進め、市場開発当初から顧客に提供した。

　これらの技術開発により、テレケリックポリアクリレート　KANEKA XMAP®／カネカTAポリマー（**図１**）が製品化された。参考のために、液状ゴムの硬化イメージ（**図２**）と架橋性末端官能基の種類（**図３**）を下記に示した。

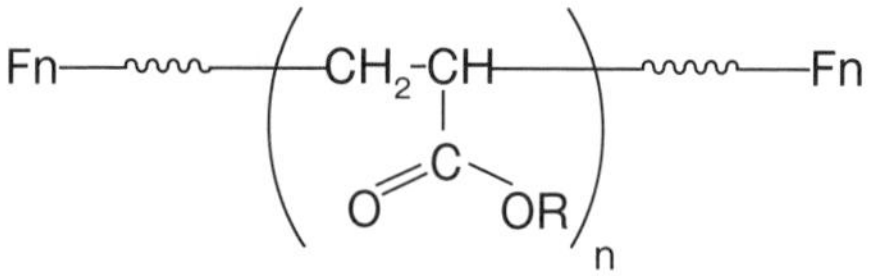

Fn = 架橋性官能基

【図１】テレケリックポリアクリレート － KANEKA XMAP®の構造

201

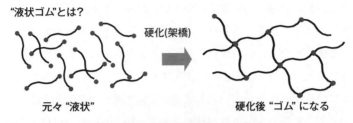

【図2】液状ゴムの硬化イメージ

【図3】架橋性末端官能基の種類

3．ダーウィンの海を乗り切った要因

　液状樹脂製品としては、自社のMSポリマーを始め、シリコーンやポリウレタン等、競合材料が複数存在する。これらの既存材料により、市場では適材適所化が進んでおり、価格的にも既存材料は有利な状況である。

　テレケリックポリアクリレートは、これら既存材料の課題を見極め、既存材料では実現できない特性発現による新規用途の開発を行ってきた。例えば、シリコーンの課題である周辺汚染性とMSポリマーの課題であるガラス耐候接着性を克服する光触媒ガラスグレージングシーラントや、MSポリマーやポリウレタンの課題である耐熱性と、シリコーンの課題である耐油性を克服する自動車用の液状ガスケットなどである。

4．事業継続（BCP）・発展の鍵

　カネカは、MSポリマー事業をグローバルに展開しており、日米欧アで成長を持続している。テレケリックポリアクリレートは、MSポリマーを

補完する製品であり、MSポリマーの市場開発と併せて、当初からグローバルに市場開発を実施し、同じ顧客で採用されたケースも多い。MSポリマーと比較すると高価格であるため、より付加価値の高い用途を狙う必要があり、ハイエンドの超高耐久建築シーラントや、自動車、電気電子用途向けに展開をしてきた。

キーとなる特殊原料については、複数ソースを確保するようにし、BCPを高めている。

KSF

1. 研究テーマ決定までの経緯
- アメリカCarnegie Mellon大学に留学し、留学先の研究室で開発された原子移動ラジカル重合技術を習得、その応用として自社製品のポリエーテル液状樹脂であるMSポリマーの高機能化を目指した

2. 魔の川・死の谷を乗り切った要因
- 原子移動ラジカル重合技術では困難であったポリ（メタ）アクリレートの制御重合をはじめ、ポリマーデザインやスケールアップなどに短期間で成功したこと
- 迅速な特許出願を徹底したこと
- プロセス技術者と一体になって研究に取り組み、工業化プロセスを重視し、且つ製造現場が主体で生産技術が大きく向上したこと

3. ダーウィンの海を乗り切った要因
- 既存材料では実現できない特性発現によって、新規用途を開発したこと

4. 事業継続（BCP）・発展の鍵
- 今後とも、より付加価値の高い用途を狙ってハイエンドな超高耐久建築シーラントや、自動車、電気電子用途に展開すること

第2部　研究開発から事業化に至った事例から成功要因（KSF）を学ぶ

受賞歴
1．近畿化学協会化学技術賞（2009年）
2．高分子学会賞（2011年）

関連文献
1．K.Matyjaszewski, J. Xia, *In Handbook of Radical Polymerization*, ed. by
　K.Matyjaszewski, T.P.Davis, Wiley, 523（2002）
2．中川佳樹、高分子、**61**, 59（2012）

事例16. 気相法による医農薬中間体の製造技術開発 ― 広栄化学工業株式会社

事例紹介者：清水 信吉

　今回の事例紹介では、①新製品シアノピラジンの合成触媒プロセス開発と②ピリジシ塩基類合成用新触媒の開発の2件を取り上げ、それぞれ別個に解説する。

【Ⅰ．シアノピラジン合成触媒プロセス開発】

1．研究テーマ決定までの経緯

　広栄化学では1964年に自社技術(1967年大河内記念生産賞)により気相合成によるピリジン塩基類合成を大阪で起業化(初期60トン／月)した。

　その後1972年千葉に新プラント(600トン／月)が稼働して、さらに同じく千葉に1997年にアンモ酸化用の気相合成プラントが完成した。

　1983年頃、大阪のプラントが少量生産品目専用となってからも遊休化して、経営上の大きな負担となり新製品導入が大きな課題となっていた。大阪製造所の再生を期した製造所、研究所一体のHRP－3K運動が展開され、その中で既に合成技術を持っていた2－メチルピラジンをアンモ酸化して2－シアノピラジンとして、結核薬、ピラジナミドメーカーに販売することを企画し、1983年研究を開始した。広栄化学は既に結核薬リファンピシンやイソニアジドの原料を生産し、販売していた。新商品販売を期して開発本部は海外市場調査を行なった。

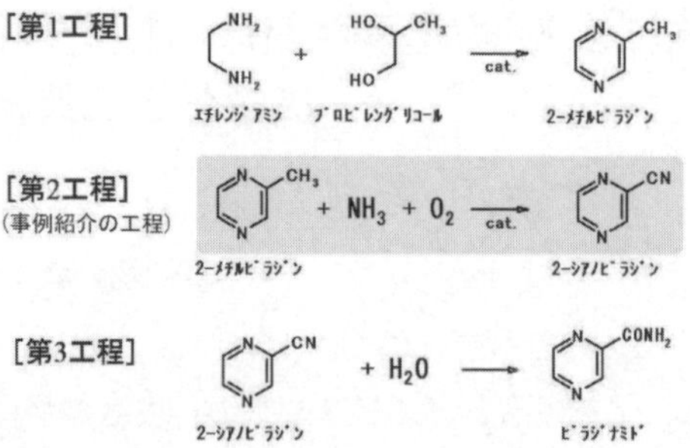

第2部　研究開発から事業化に至った事例から成功要因（KSF）を学ぶ

【図1】広栄化学のピラジナミド新製法

2．魔の川、死の谷を乗り切った要因

　アンモ酸化によるシアノピラジンの合成は最初公知のバナジウム－アンチモン酸化物触媒によってスタートしたが、反応収率が急激に低下して安定的に運転することができなかった。収率を上げるため、原料ガスのアンモニアモル比を高くしていたためである。アンチモンが高温で還元されて金属化して凝集する触媒の劣化メカニズムは新しく導入された固体解析方法で明らかとなった。低アンモニア比でも高収率が得られ、高温でも安定な触媒が求められた。こうした触媒成分としてC4留分を高温で酸化して無水マレイン酸を合成する研究の経験からバナジウム－燐酸化物を試験したところ、期待通りの結果が得られた。さらに第三成分や組成の検討を経て新しい触媒を完成した。このシアノピラジン合成プロセスでは触媒以外にも吸収液、固体やピッチ成分の分離等の難しい問題もあったが、研究所と工場の密な協力で解決した。触媒開発についてはそれまでになかった固体分析方法の導入と結晶構造を含めた他分野の触媒の広い知見が大きな要因となった。そして、こうした研究勢力やハード設置を支援してくれた経営陣があったのは幸運であった。

3．ダーウィンの海を乗り切った要因

　シアノピラジンを製品として販売を始めてしばらくすると、インドや中

事例16 – 広栄化学工業

国でも気相法と見られる同品の生産が伝えられた。これらの国の製品に価格や品質で凌駕するため、プロセスのブラッシュアップが図られるとともに同プラントで同じ触媒を用いた2-シアノピリジン等の他製品を生産することを実現した。これも開発本部による海外市場調査そして研究所と工場による反応条件検討が必要であった。現在世界の需要の過半を生産、販売し続けている。

【Ⅱ．ピリジン塩基類合成用新触媒の開発】

1．研究テーマ決定までの経緯

1964年の起業以来使用してきた触媒は寿命が短く、製品の生産と並行して触媒工場で触媒を生産し、高い頻度で反応器の触媒を入れ替えることを繰り返していた。製品の収率も低かった。ピリジン塩基類は広栄化学の主力製品であるが、海外には強い競合メーカーがあり、営業本部でもコスト低減が大きな課題であった。生産上のこうした欠点を改善すべく、この頃開発された合成ゼオライトZSM-5がナフサ分解反応に優れた性能と長寿命を示していることから、このゼオライトを使った触媒の開発を研究所がテーマとして挙げた。

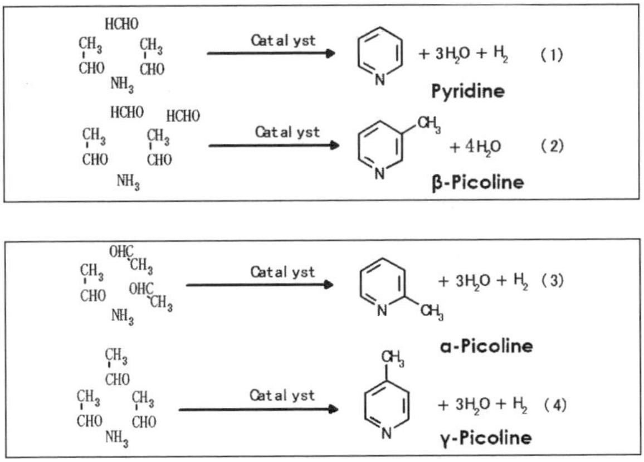

【図2】ピリジン塩基類の気相合成反応

207

第2部　研究開発から事業化に至った事例から成功要因（KSF）を学ぶ

2．魔の川、死の谷を乗り切った要因

　触媒探索についての手法に既に熟練していたためZSM-5系で高いピリジン収率が得られる修飾ZSM-5触媒を順当に見出し特許出願した。このプロセスでは触媒へのコーク析出による劣化があり、一定の間隔でエアレーション再生を行うが、それでも回数を重ねると不可逆的な劣化が認められた。この経時的な劣化を抑えることが、本テーマの本当のキーテクノロジーとなった。種々のエアレーション条件をスクリーニングしていく中で、ガス中に少量のメタノールを添加すると炭素質が完全に除かれ活性低下を防止できた。そのメカニズムとしてメタノールを供給すると触媒が吸着塩基類を脱離しやすくなることを見出している。ZSM-5はMobil Oil社が権利を抑えていたが、今回のピリジン塩基類合成が同社の特許に抵触しないことを両社で確認し、そしてMobil Oil社がゼオライトを供給する協定ができた。Mobil社の系列の触媒メーカーと触媒製法の確立を進めた。

　こうして高性能触媒と優れた独創的な触媒のデコーキンク方法を確立した要因としてはピリジン塩基類合成について永年蓄積された技術、触媒探索手法、小型、高度計装化された触媒寿命試験装置、住友化学のZSM-5等ゼオライト研究チームや触媒メーカーとの協力が大きかった。また工場の製造、技術部門の尽力を忘れることはできない。

3．ダーウィンの海を乗り切った要因

　この時期のピリジン塩基類や他の医農薬中間体ビジネスにおいてインドや中国等のメーカーの安値品の追い上げが厳しく、広栄化学は高品質そしてコスト削減で差別化を図る必要があった。ピリジンだけでなく、α-あるいはγ-ピコリンも同一触媒、同一反応器を用いて生産可能で市場のニーズに迅速に対応できる体制もマルチタレントな触媒によるものである。さらに非晶質系の触媒も整えることにより、より大きなピリジン塩基類であるルチジン、コリジン類の生産をしている。

事例 16 － 広栄化学工業

KSF

【シアノピラジン合成触媒プロセス開発】

1. 研究テーマ決定までの経緯

- ・ピラジン合成技術を保持
- ・旧設備の遊休化を機にした再生化活動
- ・別の複数の結核薬中間体を市場に販売していて、市場を熟知

2. 魔の川、死の谷を乗り切った要因

- ・製造所所長をはじめとする製造所員の熱意と努力
- ・製造設備特性をマスターした技術員と現場員
- ・経営トップによる触媒研究への積極的投資と強化
- ・研究者の幅広い触媒についての経験や知識

3. ダーウィンの海を乗り切った要因

- ・海外の競合メーカーの出現に対抗するため、プラントのマルチ化推進で原価低減
- ・技術のブラッシュアップ

4. 事業継続（BCP）・発展の鍵

- ・洗練した新設プラント建設
- ・マルチ商品揃え
- ・営業・開発部門と研究間の情報共有と研究推進

【ピリジシ塩基類合成用新触媒の開発】

1. 研究テーマ決定までの経緯

- ・企業の主力製品の原価削減（原料原単位および触媒寿命改善）による競争力強化
- ・世界の合成ゼオライト開発進行と研究者の新材料への興味

2. 魔の川、死の谷を乗り切った要因

- ・優れたスクリーニング試験、寿命試験装置の考案

209

- 親会社の研究陣とのタイアップ
- 開発した優れた触媒をどうしても実用化するとの気概と粘り

3. ダーウィンの海を乗り切った要因

- プラントや触媒特性をマスターした技術員と現場員
- 同一触媒による別のピリジン塩基類の生産と別な触媒を使用した別商品のマルチ生産
- 研究および技術、製造部門までの手による技術のブラッシュアップ
- ゼオライト開発会社との特許関係を解決し、実用触媒の共同研究
- 複数の重要な発見（触媒、再生法）あっての画期的製法確立

4. 事業継続（BCP）・発展の鍵

- マルチ商品揃え
- 営業・開発部門と研究間の情報共有と研究推進

受賞歴

1. 大阪工研工業技術賞（1987年）
2. 触媒学会技術賞（1991年）
3. 触媒学会技術賞（1997年）

関連文献

1. 清水信吉、*Petrotech*, **15**, 514（1992）
2. 清水信吉、触媒、**36**, 22（1993）
3. S. Shimizu, N. Abe, A. Iguchi, and H. Sato, *CATALYSIS SURVEYS from Japan*, **2**, 71−76（1998）

事例17. アタック Neo®の開発

── 花王株式会社

事例紹介者：小寺 孝範

1．研究テーマ決定までの経緯

(1) 社内要因

1987年に発売されたアタック®は世界初の濃縮粉末洗剤である。洗浄力を強化しながら洗濯1回に使用する量を体積で約4分の1に削減したため、洗剤1箱の大きさが小さくなり、持ち運びが容易になっただけではなく、スプーンによる計量を提案するなど使い勝手も工夫されていたため、日本の洗剤市場は一気に濃縮化が進行した。しかし2000年代になると徐々に液体洗剤の割合が増加し、2008年にはその割合が40％にも達するようになった。液体洗剤は粉末洗剤と異なり、溶け残りの心配がないことや、キャップで計量できることなど使いやすさが支持されたものと思われる。そのため花王でも新しい洗剤の提案を行うべく、若手研究員を中心に様々な検討が開始された。ある時、「今ある洗剤の使用量を半分にすると洗濯の世界はどのように変わるのだろうか？」との疑問を持った研究員達は、粉末洗剤と液体洗剤の両方で、洗浄力を保ったまま使用量を半減する検討を始めた。

粉末洗剤の設計は当初考えられていたよりも容易であった。洗浄時の界面活性剤の濃度を半分とする代わりにビルダー性能を強化することで洗浄力を補い、1回の洗剤使用量を半分とする目標を達成することができた。そこで実際の生活者に使って頂く使用調査を行った。「界面活性剤の使用量が半分なのだから、すすぎ回数も少なくて良いだろう」という単純な発想で、通常2回行われるすすぎを1回にして頂いて調査を実施したところ、「洗濯時間が短くなって、朝の忙しい時間が有効に使えた」、「1回の洗濯

第2部　研究開発から事業化に至った事例から成功要因（KSF）を学ぶ

時間が短くなったので、2回洗濯できた」など、すすぎ1回による時短効果を支持する声が多く得られた。この結果を受け、1回の洗剤使用量を半分にしてすすぎ回数を1回にする洗剤を、市場が伸長している液体洗剤で実現するというプロジェクトが正式に発足したのである。しかし、液体洗剤は洗濯時のpHが中性であるために、アルカリ性である粉末洗剤と同等の洗浄力を得るためには界面活性剤をより多く配合する必要がある。すなわち粉末洗剤の場合と異なり、ビルダー強化によって界面活性剤の配合量を下げることができないため、すすぎ1回を実現するためには、汚れには作用するが、衣類には残留しないシステムを新たに構築する必要があった。さらに1回の使用量を半分にするためには界面活性剤の濃度を現状よりも2倍に高める必要がある。しかし、界面活性剤の濃度を2倍に高めると製品中で液晶が生成してしまい、溶解性が著しく低下してしまうという大きな課題があった。

(2) 社外要因

　粉末洗剤は装置産業であることもあり、新規参入が困難であるために市場は寡占化していた。実際に1990年代に生じたPBブーム時に粉末洗剤市場への参入を試みた商品があったが、価格的に有利とならず市場に定着することはなかった。一方、液体洗剤は一般的な配合槽があれば生産が可能であるため参入障壁が低い。液体洗剤の市場が大きくなると、新規に参入するメーカーが現れ、これまでと同じような商品を安価に販売するかも知れない。そのため特徴ある新しい製品を市場に提供し、競争優位性を保つ必要があった。

2．魔の川を乗り切った要因

　使用量半分、すすぎ1回洗剤を実現するための技術上の課題は、界面活性剤の衣類への吸着量の低減と液晶生成の回避であった。これらの課題を解決するために、なぜ界面活性剤は布に吸着するのか？なぜ液晶が生成するのか？という原理研究が徹底的に行われた。その結果、先ず界面活性剤

の布への吸着量は、その構造に依存せずHLB（親疎水性バランス）が支配因子であることが分かった。すなわち疎水性の低い（親水性の高い）界面活性剤を使えば布への吸着量は低減でき、すすぎ1回が達成できるのである。しかし、親水性の界面活性剤は水への分配率が高いため、衣類への吸着は抑制できるものの、汚れへの吸着量も低減してしまい、洗浄力が大きく低下してしまうことが分かった。洗浄力を高めるために、親水性の界面活性剤に疎水的な界面活性剤を混合してHLBバランスを整えることも検討したが、HLBは各界面活性剤の質量比で決まるため、親水性界面活性剤を使いながら洗浄力を得るためには多くの疎水性界面活性剤が必要となり、結果的に布への吸着量を下げることができなかった。そこで新たな発想として親水的な界面活性剤と、通常は親水性の界面活性剤であるが、洗浄時には洗浄に必要な分だけ疎水性を示す界面活性剤を探しだして併用することを考えた。検討を重ねた結果、そのような働きをするものとして、LAS（直鎖アルキルベンゼンスルホン酸ナトリウム）が適当であることが分かった。モデル的に親水性の界面活性剤として$C_{12}E_{21}$のエトキシレートノニオンを用いて検討を行ったところ、モノマー状態のLASは水道水中の硬度成分であるCaイオンと結合して疎水性が高まると同時に$C_{12}E_{21}$（＝$C_{12}H_{25}$$(OC_2H_4)_{21}OH$）モノマーとともに汚れに吸着して十分な洗浄力を発現することが判明した。一方、大部分の混合ミセル状態にあるLASはCaイオンと結合しにくく、親水性が高いままであるためにすすぎ性も良くなることを見出した。

　次に液晶の形成抑制であるが、液晶は界面活性剤の構造により様々な形態を取りうることが知られている。そして、その形状はCPP（臨界充填パラメータ）という値で理解されており、CPPが1であれば層状構造を、1／2なら柱状構造を、1／3なら球状構造を取りやすいことが知られている。$C_{12}E_{21}$などのような親水性の高い界面活性剤は、その親水部が大きいために球状構造を取りやすく、LASはベンゼン環間で$\pi-\pi$相互作用が生じるために層状構造を取りやすい性質を持つ。そこで二つの界面活性剤を適度に混合してCPPを$C_{12}E_{21}$の1／3から1／3と1／2中間にずらす

第2部　研究開発から事業化に至った事例から成功要因（KSF）を学ぶ

と、液晶－ミセルの転移温度を大きく下げられることを見出した。この原理を応用し、超濃縮系においても液晶生成を抑制する組成が得られ、使用量半分、すすぎ1回を実現する超濃縮液体洗剤組成が完成したのである。

3．死の谷を乗り切った要因

　一方、商品を発売するためには「本当にすすぎ1回で問題が無いのか？」という根拠を示す必要があった。ご家庭での洗濯は洗濯機や洗濯物の種類や汚れの負荷量、柔軟剤や漂白剤の使用の有無、水の温度や硬度なども多種多様であるためである。洗濯時に衣類に界面活性剤が多く残留すると布の風合いが変化したり、柔軟剤の効果が低下したり、あまりにもひどい場合には、洗濯物が水に濡れたときに泡が発生してしまう、などというようなことが起きる懸念がある。またドラム式洗濯機の一部の機種では、すすぎ時に泡が残っていると水を多量に注入し、すすぎを繰り返す動作をすることも分かった。そこで開発チームでは国内で販売されている全てのメーカーの代表的な洗濯機を揃えて様々な条件で洗濯を繰り返し、すすぎ1回と2回での界面活性剤の洗濯物への吸着量を詳細に検討した。また、使用する水量や洗濯に要する時間の計測を行い、すすぎ1回で得られる価値を定量化した結果、従来洗剤ですすぎを2回行った場合とアタックNeo®ですすぎを1回した場合を比較して、界面活性剤の洗濯物への吸着量に有意な差は認められなかった。また洗濯に要する時間は10分程度短くなり、使用水量は機種によって幅はあるものの、約10〜50L削減できることが分かった。

4．ダーウィンの海を乗り切った要因

　2000年代後半、世の中では急速に「環境」というキーワードが注目されるようになっていた。環境負荷の大きさを定量化する手法の一つに、製品の原料、製造から使用時、さらには廃棄される段階までのライフサイクル全体の環境負荷をCO_2発生量で表す、LC－CO_2という手法がある。この手

法を用いて洗濯行動全体の環境影響を評価したところ、製品の原料、製造、廃棄で発生する環境負荷と、家庭で洗濯をするときの環境負荷がほぼ同じであることが明らかとなった。また使用時に生じる環境負荷のうち、3分の2が洗濯に使用する水に由来することも分かった。お客様が洗濯をすすぎ1回にすることは環境負荷を大きく低減することに貢献することであり、これはメーカーだけではできない取り組みである。そこで花王では、いっしょにecoというスローガンを掲げ、アタックNeo®に表示することでお客様にも環境への配慮を意識して頂けるようにした。またアタックNeo®発売当時、簡単にすすぎを1回にするよう設定できる洗濯機は皆無であった。そこで商品発売に際し、各洗濯機メーカーと商品に関する情報交換を行い、今後発売する洗濯機にすすぎ1回ボタンを付けるなど、簡単にすすぎ1回の設定ができるようにお願いした。また従来の洗濯機をお使いのお客様には、すすぎ1回の設定手順を分かりやすく説明するリーフレットを商品に添付するなど、すすぎ1回を積極的に行って頂けるような取り組みを行った。さらにはメディアへの情報提供や、流通大手と共同で環境負荷低減キャンペーンを実施するなど、すすぎ1回の効果を一人でも多くの方に知って頂くための活動を行った。同時に論文発表や学会発表などを通じて、開発した技術の信頼性を高めるとともに、少しでも科学技術の発展に貢献できるように努力を続けている。

5. 事業継続（BCP）・発展の鍵

　2009年にアタックNeo®を発売した後、同業他社も超濃縮洗剤の市場に参入し、2014年時点には、洗剤市場中での超濃縮液体洗剤のシェアは3割を超えるに至った。この市場をさらに活性化させるためには、商品の継続的な改良が必要である。2016年には新たな陰イオン界面活性剤を開発し、すすぎ1回に加えて洗濯時間も半分にできる、ウルトラアタックNeo®を発売した。今後も生活者に新しい価値を提供できるよう、研究開発を継続している。

第2部　研究開発から事業化に至った事例から成功要因（KSF）を学ぶ

KSF

1. 研究テーマ決定までの経緯
- 液体洗剤市場の伸長
- すすぎ1回の価値発見

2. 魔の川を乗り切った要因
- 衣類への吸着を抑制する、新しい界面活性剤システムの開発
- 液晶形成抑制技術の開発

3. 死の谷を乗り切った要因
- 界面活性剤吸着量の定量化による性能保証
- すすぎ1回による水の削減量、洗濯時間短縮の明確化

4. ダーウィンの海を乗り切った要因
- 新しい環境価値の提案
- 社外（お客様、流通、洗濯機メーカーなど）とのコラボレーション
- メディア、学会等への積極的な情報発信

5. 事業継続（BCP）・発展の鍵
- 絶え間ない商品改良と新たな価値提案

受賞歴
1. （社）日本包装技術協会：2010日本パッケージングコンテスト　ジャパンスター賞（経済産業省製造産業局長賞）（2009年）
2. エコプロダクツ大賞推進協議会：第7回エコプロダクツ大賞「環境大臣賞」（2010年）
3. 株式会社 ドラッグマガジン社：第24回 ヒット商品賞・話題商品賞ヒット商品賞 「バラエティー部門 最優秀賞（1位）」（2012年）

関連文献
1. 長谷部佳宏、繊維製品消費科学, 51, 52 (2010)
2. http://www.kao.com/jp/environment/lca/03/

事例18. 半導体レジスト材料セルグラフィー®の開発
― 株式会社ダイセル

事例紹介者：西村 政通、大野 充

1．研究テーマ決定までの経緯

ダイセルでは、電子材料向けに溶剤やエポキシ化合物など種々の製品を提供していたが、さらに領域を広げるために、より高機能化した製品の展開を図っており、レジスト材料もその一つであった。半導体デバイスは、フォトリソグラフィーを用いて製造されており、高集積化や微細化のために製造時に使用する露光光源の波長を短くする必要があった。1990年代後半は、その光源がKrFレーザー（波長248nm）からArFレーザー（波長193nm）へと代わる時期であり、そこで使用されるポリマー材料もポリヒドロキシスチレン系から脂環式（メタ）アクリル系ポリマーに代わっていった。脂環式（メタ）アクリル系ポリマーは、アダマンタンのような多環式脂肪族基を持つ（メタ）アクリル系モノマーを複数組み合わせて共重合したものである。

一方、1990年代、ダイセルは関西大学石井康敬教授が発見したN－ヒドロキシフタルイミド（NHPI）触媒を用いた空気酸化法の工業化検討について共同研究していた。このNHPI触媒を用いるとアダマンタンのような安定な化合物も温和な条件で高効率に酸化することができた。この酸化法は、ArFレジスト用ポリマーに使用する多環式脂肪族基を持つ（メタ）アクリル系モノマーの合成に利用することができた。

このように、半導体デバイス製造に必要な材料と新しい酸化技術との出会いにより、ArFレジスト用ポリマー開発という研究テーマが生まれた。

第2部　研究開発から事業化に至った事例から成功要因（KSF）を学ぶ

2．魔の川、死の谷を乗り切った要因

　ArFレジスト用ポリマーは、どのモノマーを組み合せるか、また共重合組成や分子量、分子量分布をどうするかなどのポリマーの一次構造が、レジスト性能と密接に関連している。ArFレジストポリマー用のモノマーとして3－ヒドロキシアダマンチル＝（メタ）アクリレートは市販されていたが、上記のNHPI触媒で酸化したトリヒドロキシアダマンタンを原料とした、3,5－ジヒドロキシアダマンチル＝（メタ）アクリレートはダイセルの特徴あるモノマーであった。このモノマーと、基板であるシリコンウェハと密着しやすいようにラクトン基を含有したモノマーや、光照射により発生した酸と反応して疎水性から親水性へ極性を変換してアルカリ現像液に溶解するように酸脱離基を導入したモノマーを共重合してポリマーとすることで、他社と差別化することができ、レジストメーカーから興味を引くことができた。

　また、ArFレジスト用ポリマーは上述のように複数のモノマーを共重合するが、これらのモノマーは反応性が異なる。そのため、原料モノマーを全て反応器に仕込んで重合する方法（一括重合）では、モノマーの消費速度が異なるため重合中にモノマー組成が変わり、重合初期と後期で得られるポリマーの共重合組成が異なるため、レジスト性能を悪化させる。一方、原料モノマーを溶解した溶液を、反応器で加熱した溶媒中に滴下して重合する方法（滴下重合）では、滴下直後にモノマーが反応するので重合が進行しても逐次生成するポリマーの共重合組成の変化が小さく、より均一な共重合組成のポリマーを得られることができ、レジストメーカーに採用される要因の一つとなった。

　このようにダイセルでは、モノマー開発とポリマー開発を車の両輪として検討を進めてきた。モノマー構造はポリマーの性能を決める大きな要因であり、他社にない特徴あるモノマーを導入することでポリマーの性能を向上させることができた。こういったモノマーをそのまま提供するのではなく、ポリマーに組み込んでその性能を最大限に引き出すことができるよ

うに、一次構造を精密に制御したポリマーを合成し、レジストメーカーに提供することで、レジストとしての機能評価を効率的に進めることができた。

数10グラムから数100グラムのラボスケールでの評価が進むと、さらに詳細なレジスト性能評価やデバイスメーカーへのサンプルワークを行うために、kgスケールのポリマーを提供する必要がある。その際、後述するような金属やパーティクルのような微量不純物の混入を防ぐために、開発段階からクリーン度の高い部屋に開発用試作設備を設置してポリマー合成を行った。また、お客様から短納期での対応を求められることが多く、効率的な運用を行うために開発体制についても様々な工夫をすることでタイムリーな開発を行った。これらの取り組みを行うことで、製品の高品質化や開発スピードの向上を実現した。

3. ダーウィンの海を乗り切った要因

半導体デバイスの製造における回路の線幅は数10ナノメートルのオーダーで、そこで使用されるArFレジストに含まれる不純物は性能に与える影響が大きい。そのため、レジストの主要な原料であるポリマーに含まれる不純物の低減が重要である。不純物には、例えば残存する原料モノマー、製造プロセスで使用される溶媒や、金属などがある。特にArFレジスト用ポリマーを製造する上で、金属の低減は非常に難しい課題であった。金属含有量がppbオーダーでの管理が要求されるからである。ppbとは、50メートルの公式プールに500円玉が数個あるかないか程度の少量であり、定量することも難しい。先ずは、測定方法を確立することから始める必要があった。社内の評価解析部門の協力を得て、元素分析装置の一種であるICP-MS（誘導結合プラズマ質量分析計）を導入し、分析条件を確立することで測定できるようになった。次は、製品中の金属量をppbオーダーに低減する必要があった。開発当初は、数100から数10ppbの金属が含まれることがあり、一つひとつ混入原因を確認して問題を解決した。このような取り

第2部　研究開発から事業化に至った事例から成功要因（KSF）を学ぶ

組みを地道に続けることにより、製品中の金属含有量のppbオーダーでの管理が可能となり、製品として品質保証することが可能となった。

　前項で述べたように構造が制御されたポリマーを製造するためにどのようなプロセスが適切か、金属不純物の量をppbオーダーで管理するためにどのような製造設備が必要かなど、高性能、高品質な製品を生産するための製造技術や品質管理技術を確立する際には、研究開発と生産技術との密接な連携が重要であった。開発初期から共同で作業に取り組み、開発に関わる良い点、悪い点など様々な情報を共有化することで、タイムリーに工業化することができた。

4．事業継続（BCP）・発展の鍵

　上述のポリマーで一旦製品にすることができたが、半導体デバイス製造における回路の線幅は年々微細化され、ArFレジスト用ポリマーが事業として成り立つためには、継続的なポリマー開発が必要であった。このような背景から、我々はラクトンを含有するモノマーについても、機能向上のための開発を行った。この努力が、ラクトン基を含有する新たなモノマーである、DL25MおよびDL25MSの上市につながった。

DL25M　　　　　　　　**DL25MS**

　ラクトンタイプのモノマーは、リソグラフィー工程中、現像工程で、アルカリ現像液によりラクトン環が開環し、現像液親和性を示すことにより、その機能を発現する。新規開発したこれらのモノマーは、ノルボルナンラクトン環を有することに加え、電子吸引性のシアノ基の導入により、現像工程でのアルカリ加水分解に対するラクトン環の反応性を増進させる分子設計としたことが特徴である。これらのモノマーをポリマー中に組み込む

ことで、レジストとしての性能を向上させることができ、ダイセルとしてのキーマテリアルとなった。また、お客様に対し、モノマーの設計思想と、機能および性状を、実験やシミュレーション結果に基づいて紹介することにより、DL25MおよびDL25MSの特徴を理解して、開発計画に組み入れて頂いた。このキーマテリアルの開発が多くのポリマー製品の上市につながり、事業としてさらに大きくする上で非常に重要なポイントであった。

このように研究開発、生産技術、評価解析といった関連部門と密接に連携して技術的取り組みを行うことにより、市場に受け入れられ、評価されるArFレジスト材料を提供できるようになった。また、生産部門、マーケティング部門のさらなる取り組みも加え、このポリマー材料を、主要なレジストメーカーへ販売することを通して、国内外の電子デバイスメーカーに材料を供給することができた。本件はこの事業に携わった全ての関係者の努力によって成し得たものである。

KSF

1. 研究テーマ決定までの経緯

・大学発の新しい技術と産業界が必要としていた材料のマッチング

2. 魔の川・死の谷を乗り切った要因

・新しいモノマーの継続的開発による他社との差別化

・製造プロセスの最適化によるポリマー製品の高性能化

・モノマーからポリマーへの川下化による製品の高性能化

・開発段階からのクリーン設備の整備による高品質化技術の獲得

・開発体制の柔軟な運営による開発スピードのアップ

3. ダーウィンの海を乗り切った要因

・評価解析グループを巻き込んだ新しい分析技術の確立

・極微量金属不純物の品質管理技術の確立

・生産技術グループの開発初期からの参画と連携

第2部　研究開発から事業化に至った事例から成功要因（KSF）を学ぶ

・タイムリーな生産拠点の構築

4．事業継続（BCP）・発展の鍵

・機能発現機構の理解と化学構造への翻訳

・顧客の要望を理解したキーマテリアルの開発と新規ポリマー製
品の上市

受賞歴

近畿化学協会化学技術賞（2012年）

関連文献

1．特許3421328
2．特許4740951
3．特許5562826
4．大野 充、西村政通『企業研究者たちの感動の瞬間』有機合成化学協会＋日
本プロセス化学会編、p153-158、化学同人（2017年）

事例19. 光学活性プロパノール誘導体の工業的製法の開発 ─ 株式会社 大阪ソーダ

事例紹介者：古川 喜朗

1．研究テーマ決定までの経緯

多くの化学企業は、1980年代、次世代の成長産業としてバイオ関連産業に注目し、製品開発に力を注いだ。当社もバイオ技術に注力すべく、1983年4月、農学部出身の博士課程修了者を採用し、先ず、活性汚泥中の微生物による有機化合物の代謝分解研究を開始した。当社はラセミ体エピクロロヒドリン（EP）の主要供給メーカーであり、活性汚泥中に炭素数三つ（C3）からなる各種クロロプロパノール誘導体が含まれていた。その中で、ラセミ体EPの前駆体である2,3－ジクロロ－1－プロパノール（DCP）が、微生物により完全に分解されずに培養液中に50％残存することを見出した（1983年12月）。培養を試験管から5Lのジャーファーメンター（微生物培養装置）にスケールアップし、本化合物を抽出単離することに成功した。液体クロマトグラフィーやNMRを駆使し、光学純度は100％ ee、絶対配置は(S)－体であることが判明した。光学的に純粋な(S)－DCPの単離は世界で初めてであり、本微生物を*Pseudomonas* sp. OS－K－29株と命名した。当時は、光学的に純粋な化合物が得られる方法は珍しく、皆、驚嘆した（1984年4月）。

得られたDCPは、水酸化カルシウムを用いてラセミ化が起こらないように注意深くエポキシ化し、EPに変換した。光学活性コバルト錯体を用いるcomplexationガスクロマトグラフィーによるEPの光学純度測定法が報告され、その文献に従い手作りしたカラムでEPの光学純度を測定すると99.5％ eeと高純度で(R)－体であることが判明した。

本技術は、エナンチオマーのうち一方は資化分解されるが、残存するも

う一方のエナンチオマーは高光学純度で得られる、微生物による立体選択的資化分割法である（資化とは微生物が増殖するためにある有機化合物を炭素源として利用すること）。

当時の研究所長や研究副所長は、この発見に興味を持ち、光学活性EPは、医薬、農薬、生理活性物質の出発原料や光学活性ポリマー原料として潜在的需要が考えられたため研究テーマを継続することになった。

２．魔の川、死の谷を乗り切った要因

実際の需要を発掘するため光学活性EPの100Lスケール、１m³スケールとスケールアップを検討する一方で応用展開を開始し、(S) – Propranololや(S) – Atenololといった光学活性医薬品原薬や(R) – カルニチン塩酸塩、(R) – GABOBなどの生理活性物質の製法開発を行った。また、東北大学薬学部の高野先生、小笠原先生は、キラルビルディングブロックとして注目し、多くの天然物合成にご活用頂いた。

さらに、事業性を高めるため、逆の立体構造を有する(R) – DCPが必要となった。そこで土壌から微生物を分離するため、DCPを単一炭素源とする培地を用いて微生物のスクリーニングを行った。その結果、最終的に(R) – DCPを高光学純度で生産する菌株Alcaligenes sp. DS – K – S38株を分離することができた（1988年）。このようにしてラセミ体DCPより、(R)および(S) – DCPを得ることができるようになり、(S)および(R) – EPの生産が可能となった（**図１**）。

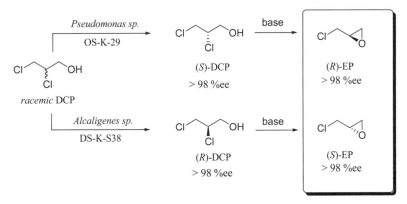

【図1】 微生物を用いるDCPの立体選択的資化分割法

 このような活動の中、スイスの大手製薬メーカー、Ciba‒Geigy社（現Novartis社）から開発中の抗鬱剤(R)‒Levoprotilineの原料として、数十から100kgの(R)‒EPの購入が続いた。これが、5 m³培養槽設置のドライビングフォースになった。しかしながら、この抗鬱剤の開発は中止され上市までには至らなかった(1990年頃)。

 一方、当時、強誘電性液晶材料が注目を集めており、2,4‒置換γ‒ラクトンを基本骨格とする液晶を開発、雑誌『化学』の化学ギネスで「最も高い自発分極を示す強誘電性液晶」として紹介された(1992年)。しかし、液晶はTFTの時代が続き強誘電性液晶材料が日の目を見ることはなかった。

 光学活性グリシドール(GL)も光学活性EPと同様に有用な光学活性C3合成ユニットである。そこで我々は、GLの前駆体の3‒クロロ‒1,2‒プロパンジオール(CPD)も同様に微生物で立体選択的資化分割が可能と考え、探索を開始した。その結果、目的に適う微生物である(R)‒CPD資化性細菌*Alcaligenes* sp. DS‒S‒7G株ならびに(S)‒CPD資化性細菌*Pseudomonas* sp. DS‒K‒2D1株をそれぞれ土壌より分離した。これらの菌株を用いて、高純度の光学活性CPDを生産することに成功した(**図2**)。この開発は1988

−1989年に完成した。

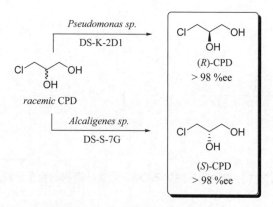

【図2】微生物を用いるCPDの立体選択的資化分割法

3．ダーウィンの海を乗り切った要因

1992−1994年にかけて、(R)−CPDを原料とする(S)−グリシジルトシレート(GT)の需要が、急増し始めた。アメリカ大手製薬メーカーMerck社の抗エイズ薬Indinavirの原料候補となったのである。当社は、社内にキラル部を創設するとともに、36m³培養プラントを松山工場に設置する計画を立て、本格的に事業化することを決断した。1994年12月に待望の36m³培養プラントが完成し、DCPとCPDの立体選択的資化分割法のスケールアップに成功した。

しかし、(S)−GTを用いる方法は二量体が生成し易く収率が低下することから、Merck社では(S)−GTを用いずに不斉炭素を構築する別法に切り替えてしまった。事業として立ち上がるぞと期待しただけに、落胆は大きかった。

筆者が、この事業に加わったのは、ちょうどこの頃で、後述するアメリカ留学から帰国した1994年からである。有機合成グループのリーダーとして、光学活性プロパノール誘導体を原料とし、製薬メーカーから引き合いのあったC3およびC4の光学活性体をできる限り多く、市場に供給すべ

事例19 - 大阪ソーダ

く取り組み、いつしかその数は、（R）－体、（S）－体合わせて70種類以上にも達していた。

当時は国内の製薬メーカーよりも欧米の製薬メーカーの引き合いが多かった。C&E Newsのキラルビジネスの特集記事にも当社の光学活性体が紹介されるようになってきた。また、CPhIやInformexなどの医薬品関連の国際展示会にも毎年ブースを出して懸命に売込む一方、CPhIやChiral USAでは講演もし、知名度アップに心掛けた。

その甲斐もあり、1997年にはアメリカ製薬企業のGilead Sciences社の抗ウイルス薬Cidofovirが上市され、我々の光学活性体が原料に採用された。続いて2000年にはUpjohn社（現Pfizer社）の抗菌剤Linezolid、2002年には、国内製薬メーカーの医薬品が上市された。

筆者は入社5年後の1992年、幸いにも留学の機会が得られた。入社当時の研究テーマ（当社で生産している塩素系酸化剤を用いる酸化反応の研究）を行いたく、当時ホットなテーマであった近傍に官能基のないオレフィンの不斉エポキシ化反応に成功したイリノイ大学のJacobsen教授にポスドク応募した。受け入れて頂きイリノイ大学に留学した。日本人としては初めてのポスドクであった。さらに翌年にはJacobsen教授がハーバード大学へ移ることになり、筆者も帯同し、アメリカ中西部と東部という対照的な場所にある二つの大学で研究できるという幸運にも恵まれた。

筆者が帰国して3年後の1997年、Jacobsen教授はラセミ体のエポキシ化合物と水とを、光学活性salen-Co（Ⅲ）錯体を触媒として反応させることにより、エポキシ化合物を光学分割するという画期的な方法（hydrolytic kinetic resolution (HKR)法）を見出した（**図3**）。

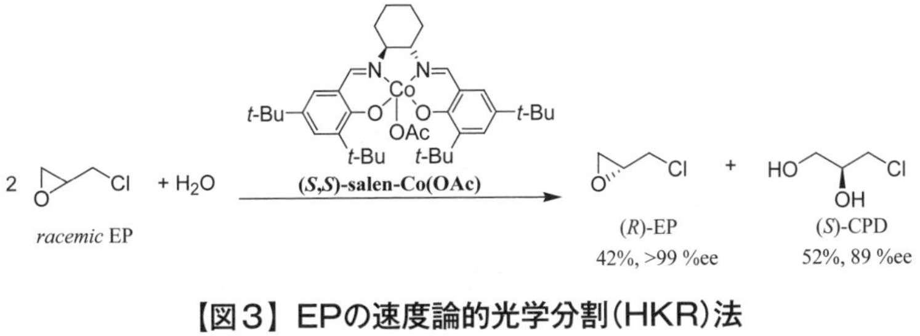

【図3】EPの速度論的光学分割（HKR）法

上記の留学が縁となり、当社は2000年6月に光学活性EPおよびCPDの合成法としてライセンスを取得、微生物法から触媒法に製法転換した。工業化に向け、独自に触媒の活性化法、反応条件、反応後の単離操作などを工夫し、松山工場に年間250トンの光学活性EPおよびCPDの生産体制を確立した。製法転換の一番のポイントは、大量の水中で行う微生物法に比べ、触媒法は無溶媒で実施でき生産性が高いことである。

独自開発した微生物法を断念することで、生物化学グループは存亡の危機に直面した。その頃プロパンジオール（PD）の微生物による光学分割法の開発が緒についたばかりの頃であった。何としても研究を成功させねばとの思いが通じたのか菌体の単離に短期間で成功し、その後の半年間で松山工場の36m³培養プラントでの試作生産にこぎつけるという離れ業をやってのけた（2001年4月）。光学活性PDはさらに川下化合物に変換され2001年にGilead Sciences社で上市された抗エイズ薬Vireadの原料に採用された。

さらに、3-クロロ-2-メチル-1,2-プロパンジオール（MeCPD）を立体選択的に分割できる微生物触媒法（微生物を酵素触媒として用いる方法）を見出した（図4）。MeCPDの前駆体の2-メチルエピクロロヒドリンは、salen-Co（Ⅲ）錯体を用いるHKR法では高選択的な光学分割が行えない。光学活性MeCPDは、2004年に36m³培養プラントで微生物法による製造を開始、上市済み医薬品の原料に採用されている。

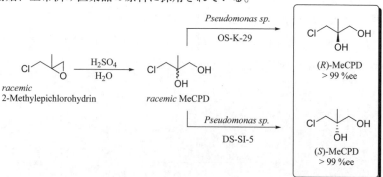

【図4】微生物を用いるMeCPDの光学分割法

事例 19 - 大阪ソーダ

4．事業継続（BCP）・発展の鍵

　2008年、サンヨーファイン株式会社の買収の話が持ち上がった。サンヨーファインは1982年設立のオーナー会社で、動物組織等の天然物から各種酵素、タンパク質等の機能性成分を抽出・精製し、医薬品や食品分野に提供するバイオケミカル分野と、独自の有機合成技術を駆使して医薬品原薬・中間体を製造する一方、製薬メーカーから依頼のある受託製造等を行う有機合成分野を有するファインケミカル会社であった。当社は、シナジー効果を期待し、2008年12月に同社を買収、2009年7月に大阪ソーダの光学活性体事業と統合し、グループ内の医薬品事業の一元化を図った。さらに2010年12月には、株式会社食品バイオ研究センターを吸収合併し、遺伝子組換えおよび糖鎖関連のバイオ技術を強化することができた。これらの合併により光学活性体という川上化合物から川下の医薬品原薬まで、一貫生産体制が構築された上に、GMP対応の品質保証体制も強化され、医薬品関連事業が充実・拡大された。

　大阪ソーダが苛性ソーダなどの電解事業やラセミ体EPをはじめとする石油化学製品事業を中心とする中、ファインケミカル事業を立ち上げていくという執念のもと、生物化学グループと有機合成グループとが切磋琢磨しながら開発を進めたことがこの事業の成功に繋がったと思う。

　最後に、当社で立体選択的資化分割能を有する微生物を発見した笠井尚哉博士（現 大阪府立大学大学院生命環境科学研究科教授）と鈴木利雄博士（元 大阪府立大学特任教授、現 フジッコ株式会社研究開発部長）をはじめ、本事業に携わった多くの方々に厚く御礼を申し上げます。

229

第2部　研究開発から事業化に至った事例から成功要因（KSF）を学ぶ

KSF

1. 研究テーマ決定までの経緯
- バイオ分野進出のための優秀な人材の採用
- 立体選択的資化菌株の発見
- 光学純度測定を可能にした分析技術の向上
- 潜在的需要を認識した研究トップの理解

2. 魔の川、死の谷を乗り切った要因
- 種々のプロパノール誘導体に対応できる立体選択的資化菌株の発見
- 迅速なスケールアップ
- 生物化学グループと有機合成グループの連携
- 新規事業創出に対する経営トップの理解

3. ダーウィンの海を乗り切った要因
- 研究開発、生産、営業の社内協業体制
- 国内外での積極的な市場開拓
- 技術導入に繋がった外部とのネットワーク
- 技術導入による大幅なコスト競争力向上
- 生物化学グループ存続の危機をドライビングフォースとするバイオ技術の新展開

4. 事業継続（BCP）・発展の鍵
- M＆Aによる事業の拡大
- 原薬ビジネスへの展開
- 品質保証体制のレベルアップによるGMP強化

受賞歴

1．日本生物工学会、技術賞受賞（1996年）
2．（社）発明協会、近畿地方発明表彰文部科学大臣発明奨励賞受賞（2006年）
3．有機合成化学協会賞（2006年）

関連文献

1．笠井尚哉、鈴木利雄、生物工学会誌、**75**, 255（1997）
2．N. Kasai, T. Suzuki and Y. Furukawa, *Chirality*, **10**, 682（1998）
3．N. Kasai and T. Suzuki, *Adv. Synth. Catal.*, **345**, 437（2003）
4．古川喜朗、鈴木利雄、三上雅史、北折和洋、吉本 寛、有機合成化学協会誌、**65**, 308（2007）

事例20. スキンケア素材（ナールスゲン®）と化粧品の開発 ― 株式会社ナールスコーポレーション

事例紹介者：松本 和男

1．研究テーマ決定までの経緯

京都大学化学研究所の平竹潤教授は、長年、生体を守るグルタチオン（生体機能性・抗酸化ペプチドの1種）のケミバイオロジーに関する研究分野に取り

GGsTop: ナールスゲン®

組んでいた。そこで合成されたリン原子を含むアミノ酸化合物（後のナールスゲン®）が強力なγ−グルタミルトランスペプチダーゼ阻害剤（グルタチオンの分解を阻害する物質、以下GGsTopと記載）であることを見出し、2006年11月に本物質を特許出願した。

その後、生物部門との共同研究を模索する中、大阪市大大学院生活科学研究科の湯浅勲教授（現名誉教授）・小島明子准教授との出会いがあり、2009年4月から共同研究が始まった。直後、GGsTopには、ヒト皮膚線維芽細胞内でコラーゲン、エラスチンなどの繊維状タンパク質の産生を顕著に高める作用があることが見出された。

この京都大学と大阪市立大学との共同研究の成果を基に、独立行政法人（当時）科学技術振興機構（JST）の本格研究開発起業挑戦タイプ（A−STEP）に申請し、2009年12月に採択された。約1億2,000万円の研究開発支援金を得て、プロジェクトが編成された（プロジェクト期間：2010年1月～2012年3月；プロジェクトリーダー：平竹潤 京都大学教授、起業家：松本和男；開発パートナー：ドクターシーラボ〔以下D社〕；側面支援機構：財団法人 京都産業21）。

第2部　研究開発から事業化に至った事例から成功要因（KSF）を学ぶ

　このA‐STEPプロジェクトの最終目標は大学発ベンチャー企業の設立であり、目標期日は2012年末と定められ、関係者一同が目標達成に注力した。

２．魔の川、死の谷を乗り切った要因

　JST・A‐STEP申請の段階で"アンチエイジング化粧品原料"の創製を標榜したが、化粧品に関する経験や知識のあるメンバーはD社関係者だけであった。起業の責任者を引き受けた筆者を含めて他メンバーは、化粧品については知識も経験もない。GGsTopというシードはあるが、それをどのように化粧品原料に仕上げていくか？のプロセスは全く未知であり、最初の段階から、魔の川にはまり込んだ。

　そこで、八方に手を尽くして化粧品分野での経験豊富な人材を求めた。幸いにして、最大手を含む国内優良化粧品会社の有力OBの７名をアドバイザーとして迎えることができた。このアドバイザー会議を定期的にしかも頻繁に開催することで、化粧品素材の開発と販売、INCI名（化粧品成分の国際的表示名称）や商標、また行政への諸申請、などの道筋が着実に見えてきた。

　並行して、京都府の京都産業21の支援・協力を得て、国内外のスキンケア市場および社会の動向調査を急いだ。本来は事業着手の前に行うべき諸調査を走りながら行うという、大学発ベンチャーの弱点が露呈したが、ベテランアドバイザーの指導・協力により「アンチエイジング化粧品創製」の狙いは、間違いないことが確認できた。

　このように極めて短期間に第一関門と言われる「魔の川」を渡る目処がついたのは、アドバイザーはじめ、周囲の「救いの神」によることは明白であり、ベンチャー成功の一つの要因・条件であることは言うまでもない。

　一方、GGsTopの化粧品素材としてのポテンシャルを知るため、ヒト皮膚線維芽細胞を用いたin vitro試験をより詳細に行った。その結果、コラーゲン、エラスチンに加えてHSP47の産生亢進と皮膚角化細胞の増殖作用を

234

再確認した(大阪市大・小島ら)。

これらのデータは皮膚バリア機能の改善に繋がり、スキンケアに適した機能性を示すことから、化粧品分野における新しい素材としての高いポテンシャルを示す可能性が高まってきた。ただ、これらはいずれもin vitro(細胞を用いた)実験であり、実際にヒトの皮膚、肌のケアに繋がるかどうか?が最大の課題となった。

ヒトによるテスト(モニター試験)はD社で実施された。先ず、皮膚刺激性と簡易毒性試験で安全性を確認し、続いて、有効性を確認する目的でヒトモニタリングテストが3回繰り返し行われた。ここでも幸運に恵まれ、極めて良好な結果が得られた。これにより「有効性」と「安全性」の両方を確認することができた。

商品化のためには、「有効性」、「安全性」に加え、本物質の「安定性」を確認することが極めて重要である。これについては、医薬・食品分野の優良企業から専門家をスカウトして、物理的な安定条件の検討、規格設定、製剤化など、製品化に必要な作業をプロジェクト内で行った。ここでも、運よく作業が捗った。時は2011年秋、GGsTopというシードを商品化する道が見え、「魔の川」からの脱出を感じた。

商品としての条件がほぼ揃い、会社設立を控えて社名や商標について検討した。一般的に化粧品は『美』を連想させるが、高齢化社会の中では『美』より、むしろ、生涯を通じた『QOL (Quality of Life)』に対する貢献を意識した。また大学発である以上、快適さ(Amenity)と健康(Health)をサポートする製品開発を明確に打ち出し、生命科学(Life Science)のデータに立脚したものでなければならないことも考えた。これらの要素を反映させるために、Nippon Amenity Health (based on) Life Scienceの頭文字をとり、設立する会社名をNAHLS Corporation (ナールスコーポレーション)とした。さらに、本物質(GGsTop)の商品名をナールスの元(源)を意味するNahlsgen (ナールスゲン®)とした。

2012年3月2日、京都大学・大阪市立大学のプロジェクトメンバーを中

第2部　研究開発から事業化に至った事例から成功要因（KSF）を学ぶ

心に、資本金950万円で「株式会社ナールスコーポレーション」を設立し、本社オフィスおよび研究室は京大施設内に置いた。本大学発ベンチャー企業設立には、国民の税金を基盤とする公的機関からの支援が非常に大きいことも念頭におき、「生命科学の研究に基づき、快適さと健康に寄与する物質の提供を通じて、社会に貢献する」を基本理念とした。設立時点から、社員4名が一丸となり会社の運営に関与し、化粧品原料としての「ナールスゲン®」の製造・販売を開始した。

　初期の課題は製造コストであった。この時点では、自社および製造委託先での製造工程改善の検討の余裕がなく、委託先には発注量を多くして値下げ交渉するしかなかった。

　営業初期段階では、開発パートナーのD社にナールスゲン®の買い取りをお願いしていたが、D社として初期に必要な数量は限られていた。しかし、製造コストを一定以下に抑えるためには、製造委託会社に一定量以上の大量発注をせざるを得なかった。先ず、ここで、その費用の捻出が大問題になった。同時に運営資金が枯渇する状況になった。保有資金力のなさに青ざめた。さらに、不幸にも、D社からの注文時期が諸事情により遅れる事態となった。設立後、1カ月も経たないうちに「死の谷」への転落に見舞われる羽目になった。大学発ベンチャーの資金繰りの苦労話はよく聞いており、覚悟をしていたが、例外ではなかった。

　腹をくくるしかなかった状況ではあったが、再度、複数の「救いの神」に巡り合った。先のプロジェクト目標の2012年末までにベンチャー会社設立が実現できたことが、JSTに評価され、同機関のホームページや機関誌を介して、当社の成果内容（ナールスゲン®）が広く紹介された。その結果、素早く、大手を含む地元の金融機関から融資のオファーを頂いた。ホットし、即、支援を受けて一息ついた。

　時同じくして、もう一つの「救いの神」に出会った。ある金融機関を介して、繊維業界の株式会社トーア紡コーポレーション（長井渡社長）から研究支援のお話を頂いた。夢のようなお話であり、すぐお願いに上がった。

研究開発に自由に使って良いとのお言葉をそのまま拝受した。どん底状況下であっただけに、言葉で表わすことができない程の感謝感激であった。5年間にわたる援助が続いた。後述する研究の成果はこのお恵みのお蔭であり、これにより大学発ベンチャーらしく、科学的データに基づく化粧品素材研究を持続することができた。

しかし、その後も売り上げが伸びない状況は続いた。いつまでも融資頼みでは先がないと考え、社員一同「何がなんでも」の心境になり、急遽、D社依存から脱すべく、D社の了解を得て、一般化粧品会社への売り込みを決め、直販および代理店販売に踏み切った。

運よく、先のアドバイザーにより、次から次へと多くの販売代理店を紹介して頂くことができた。代理店選びに苦労するほどであった。ここでは、規模の大小ではなく、本気で「ナールスゲン®」の販売に取り組んで頂けるかどうかを選択基準にした。そこで、情熱をもって取り組んで頂ける中規模代理店【株式会社JTS（岩ヶ瀬準社長）】を軸に数社を選んだ。その選択が功を奏し、「ナールスゲン®」の販売が着実に伸び、有望製品としての手応えを感じることができ、その手応えが社組織全体の勢いへの手掛かりになった。ここでも、アドバイザーらとの個人との出会い、その後の組織（企業）との出会いが、ビジネスに如何に重要であることを改めて、認識した。

本来の事業のドメインは化粧品素材（ナールスゲン®）の製造・販売というB to Bであった。しかし、同素材がイノベーションの高い商品で、これまで馴染みのない化粧品素材であるため、大手企業はその商材の採用には極めて慎重であった。前例がないとの理由であった。

そこで、ナールスゲン®の化粧品効果を示すために、急遽、B to Cビジネスも並行して行うことにした。具体的には、2011年8月から「ナールスミントプラス®」という自社品ローションの製造販売を決定した。

この段階でも、「救いの神」の出現は続いた。KBS京都テレビと読売テレビの番組で、「社会への貢献」をテーマにして、大学発ベンチャーとし

第2部　研究開発から事業化に至った事例から成功要因（KSF）を学ぶ

て取り上げて頂いた。特に商品の宣伝はなかったが、メディア効果が現れ、「ナールスミントプラス®」が売れるようになってきた。

　我々は、化粧品業では素人であったが、この一連の流れの中で「ベンチャーの生きる道」のポイントが少し分かってきた。その一つは、大学発ベンチャー企業の「社会への還元」という理念であった。これが、公的機関のみならず民間人からの支援や協力も得られるようになり、社名の認知度も上がってきた。有力企業から資金援助を伴う共同研究の声もかかってきた。公的な機関から表彰されることも続いた。これに伴い、売り上げも徐々に増えていった。ここに来て、最初にお世話になったD社からの注文量も順調に増えてきたことで経営の安定性が増してきた。このような経緯を経て、設立3年目の2015年度からの決算は黒字となり、低空飛行ではあるが、漸く「死の谷」の通過を実感した。

3．第1段階のダーウィンの海を乗り切った要因

　「ダーウィンの海」で他社製品との販売競争において、特に小規模な大学発ベンチャーが生き残るためには、研究成果に裏付けられたエビデンスが一にも二にも重要であると再認識した。そのため、限られた予算をやり繰りし、複数の大学や理化学研究所などの多くの公的研究機関に積極的に働きかけて継続的な共同研究を行ってきた。その結果、ナールスゲン®は皮膚バリア機能をバランス良く改善することが改めて確認された。これらの情報をタイムリー且つ適切に提供することで、既存顧客の信頼を高めるとともに、新しい顧客獲得にもつながってきた。2018年5月現在、「ナールスゲン®」は化粧品原料として50社以上の国内化粧品会社に販売されている。また、「ナールスミントプラス®」やその後に製品化された「ナールスミントジェル®」の自社製化粧品は大丸、伊勢丹、阪神など全国11店舗の老舗百貨店で店頭販売されるようになった。また、これら商材の国内評価が固まりつつある中で、海外（アメリカ化粧品会社との販売契約、中国化粧品会社との共同開発契約など）の企業からも引き合いが続く状況となっ

事例20 － ナールスコーポレーション

てきた。

第2段階のより広いダーウィンの海での競争が始まったところである
が、公的、民間企業(多くは中小)の協力と支援のお蔭により感触の良さを
感じているのが現状である。

4. 事業継続(BCP)・発展の鍵

今後の事業展開として、関連部門との連携・協業により「ナールスゲン®」
のコスト面および製剤面での改良を図り、世界市場にも深く浸透させてい
きたい。そのためには、これまでもそうであったように、大学など公的機
関を含め、関連分野との連携、協業を積極的に推し進め、人々の「健やか
な快い生活」に貢献することを目指したい。

その一環として、極最近、「ナールスゲン®」は皮膚だけでなく口腔粘膜
に対しても作用することを見出した。皮膚ケアと同じく、いくつかの病気
は口腔ケアにより予防されることが一般化しており、高騰する医療費の削
減にも口腔ケアが貢献できることが期待されている。

これまでの基礎研究と化粧品ビジネスを通じて、「ナールスゲン®」の最
大の特徴を要約すると、生体に働きかけて内因性の生体基幹物質を産生し、
それにより特殊な細胞を活性化することである。

中でも、グルタチオンは古くから知られているように、全ての生物にとっ
て極めて重要な生命の基幹物質であり、生体内でグルタチオンを生み出す
ナールスゲン®はあまねく生物全般への活性化効果をもたらす点で期待さ
れる。事実、作用する種は人だけではなく動物、植物などでも確認されつ
つあり、その開発用途はさらに広がる可能性があると考えられる。

従って、今後も科学的エビデンスを積み上げ、多くの生物における作用
機作をより明確にすることは、ナールスゲンビジネスを継承・発展させる
鍵であると考える。これが、また、大学発ベンチャーの役目・使命でもあ
ると考えている。

その一つとして、近い将来、医薬部外品・医薬品としての新たな用途開

239

第2部　研究開発から事業化に至った事例から成功要因（KSF）を学ぶ

発への挑戦も視野に入れ、科学的エビデンスを軸に本事業を本格的に発展させていきたい。

　加えて、特許戦略の側面からも、次世代ナールスゲン化合物について探索研究を継続し、「快適・健康な生活・人生」の向上を目的とし、社会貢献できる企業へと成長していきたい。

KSF

1. 研究テーマ決定までの経緯
- 幅広い窓口を活用し、外部機関との共同研究を積極的に働きかける
- 専門領域の違うパートナーとの共同研究、適切な作業分担
- ビジネス化を早期から意識し、公的資金の活用と、スケジュールを重視した進捗管理
- 適切な開発パートナー、側面支援機構の選択

2. 魔の川・死の谷を乗り切った要因
- 業界経験者（OB）（**救いの神**）をアドバイザーとして招聘して指導を受ける
- 開発パートナーであるD社および関連企業と提携し、有効性と安全性を早期に確認
- 販路多角化のため、動きの迅速な販売代理店の見極めと活用
- 原料販売（B to B）に留まらず、自社製造販売製品（B to C）も揃えて収入源を多角化
- ベンチャー企業としての受賞を契機に、メディアを通じて向上した認知度を活用

3. ダーウィンの海を乗り切った要因
- 大学、理化学研究所などとの共同研究を積極的に展開し科学データを蓄積
- 外部発表機会を捉えての積極的な情報発信、ビジネス交渉での

240

事例 20 － ナールスコーポレーション

科学データの提供

・国際ビジネスへの機会も積極的に模索

4．事業継続（BCP）・発展の鍵

・化粧品から医薬部外品、医薬品などへと領域の展開を図る

・次世代化合物の特許戦略

受賞歴

1．Aランク企業認定（京都市ベンチャー企業目利き委員会）／2012年3月
「京都大学、大阪市立大学等と共同しての"保湿効果と適度なシワ改善効果"
が得られる化粧品原料の製造販売」
2．NBK大賞（関西ニュービジネス協議会）／2012年12月
「エイジングケア化粧品原料"ナールスゲン®"の製造・販売」
3．近畿経済産業局長賞／2012年12月
「エイジングケア化粧品原料"ナールスゲン®"の製造・販売」

関連文献

1．湯浅（小島）明子、林倫子、韓立友、渡辺文太、平竹潤、湯浅勲、日本香粧
品学会誌、**36**, 93（2012）
2．S.Yamamoto, B.Watanabe, J.Hiratake, M.Ohkita, and Y.Matsumoto, *J. Pharmacol. Exp. Ther.* , **339**, 945（2011）.
3．M. J.Brady and J. Hiratake, *Curr. Enz. Inhibition*, **7**, 71（2011）.
4．J.Hiratake, H.Suzuki, K,Fukuyama, K.Wada, and H. Kumagaya, *Chapter* **853**, 3712（2012）.
5．M.Tuzova, J.Jean, R.P.Hughey, L.A.Brown, W.W.Cruikashank, J.Hiratake, and M.Joyce-Brady, fronters in *PHARMACOLOGY*, **5**, artcle 179/1-17（2014）.
6．A.Kamiyama, M.Nakajima, L.Han, K.Wada, M.Mizutani, Y,Tabuchi, A. Kojima-Yuasa, I.Matsui-Yuasa, H.Suzuki, K.Fukuyama, B.Watababe, and J.Hiratake, *Bioorganic & Medicinal Chemistry*, **24**, 5340（2016）.
7．松本和男, 近畿化学工業界、**66**, No.8, 1（2014）

事例紹介・文章作成者一覧

【事例紹介・文章作成者一覧】

事例1　　　　　　　　　　　　　注）入社時の社名は現在の社名で記載

事例紹介者：市橋　宏

1969年早稲田大学大学院理工学研究科応用化学専攻修士課程修了、博士（工学）（早稲田大学）（論文博士）、同年住友化学㈱入社・研究部・リサーチフェローなど歴任、2003年同社退職、2003-2011年早稲田大学客員教授、日本化学工業会技術賞・触媒学会賞・日本化学会化学技術賞・ものづくり日本大賞（経済産業大臣賞）を受賞

事例2

事例紹介者：前田　浩平

1985年京都大学理学部理学研究科化学専攻修士課程修了、同年三洋化成工業㈱入社、主に研究開発業務に従事、2005年開発研究本部長、2015年〜取締役兼常務執行役員研究部門担当（現職）、高分子学会賞を受賞

事例3

事例紹介者：渡加　裕三

編集委員一覧参照

事例4

事例紹介者：吉村　典昭

編集委員一覧参照

事例5

事例紹介者：吉村　典昭

編集委員一覧参照

事例6

事例紹介者：山田 聿男

1969年 大阪市立大学工学部応用化学科卒、博士（工学）（長崎大学）（論文博士）、同年㈱大阪ソーダ入社、研究開発および営業に従事、日本ゴム協会理事・監事などを歴任、2013年同社退職、同年㈱白石中央研究所、顧問、現在に至る

事例7

事例紹介者：濱口 洋

1975年 京都大学大学院工学研究科合成化学専攻博士課程中退、工学博士（京都大学）（論文博士）、元 日本農薬㈱取締役専務執行役員研究開発本部長、農薬学会副会長を歴任、近畿化学協会化学技術賞・日本農薬学会業績賞（技術）を受賞

事例8

事例紹介者：前田 浩平

事例2 参照

事例9

事例紹介者：丸橋 基一

編集委員一覧 参照

事例10

事例紹介者：上田 賢一

1986年大阪大学大学院工学研究科応用精密化学専攻修士課程修了、同年㈱日本触媒入社、電子情報材料事業部 電子情報材料研究所長を経て、現在、経営企画室開発部長、日本化学会 化学技術賞を受賞

文章作成者：近藤 忠夫

編集委員一覧 参照

事例紹介・文章作成者一覧

事例11

事例紹介者：増田 房義

編集委員一覧 参照

事例12

事例紹介者：前田 浩平

事例2 参照

事例13

事例紹介者：近藤 忠夫

編集委員一覧 参照

事例14

事例紹介者：中原 佳子

1961年信州大学教育学部理科課程卒業、工学博士（東京大学）（論文博士）、元通商産業省工業技術院大阪工業技術研究所エネルギー・環境材料部長、産業技術審議会専門委員・近畿化学協会理事・大阪教育大学非常勤講師などを歴任、㈳色材協会「論文賞」・科学技術庁長官賞・瑞宝小授章等を受賞

事例15

事例紹介者：中川 佳樹

1992年京都大学大学院工学研究科合成化学専攻博士課程修了、博士（工学）（京都大学）、同年㈱カネカ入社、Performance Polymers Solutions Vehicle MS部長、主に機能性高分子製品の研究開発に従事、近畿化学協会化学技術賞・高分子学会賞を受賞

事例16

事例紹介者：清水 信吉

　1967年京都大学大学院理学研究科化学専攻修士課程修了、同年住友化学㈱入社、愛媛研究所でオレフィン類の気相酸化触媒、deNOX触媒開発に従事、1985年関連会社 広栄化学工業㈱に出向、シアノピリジン合成用アンモ酸化触媒、ピリジン塩基類合成触媒プロセス開発に従事、研究所長、取締役、常務取締役を経て2004年退職、2004-2011年㈶地球環境産業技術研究機構主任研究員、CO₂吸収液とプロセス開発に従事

事例17

事例紹介者：小寺 孝範

　2003年 関西学院大学理工学部理工学研究科博士課程単位取得満期退学、博士（理学）（関西学院大学）、1994年花王㈱入社、2012年上席主任研究員・2004-2014年錯体分子素子研究センター研究員、2015年～日本油化学会界面化学部会関西地区幹事・2016年～信州大学客員教授を歴任

事例18

事例紹介者：西村 政通

　1993年大阪府立大学大学院工学研究科応用化学専攻博士前期課程修了、同年㈱ダイセルに入社、研究開発業務に従事、2016年～有機合成カンパニー研究開発センター担当リーダー

事例紹介者：大野 充

　1992年大阪大学大学院工学研究科応用精密化学専攻博士後期課程修了、博士（工学）（大阪大学）、同年㈱ダイセルに入社、総合研究所・新井工場・筑波研究所（CPIカンパニー）、有機合成カンパニー研究開発センター（総研）勤務を経て、2015年7月～研究開発本部コーポレート研究センター上席技師

事例19

事例紹介者：古川 喜朗

　1987年大阪大学大学院理学研究科有機化学専攻博士課程修了、理学博士（大阪大学）、同年㈱大阪ソーダに入社、主に研究開発業務に従事、2008年～取締役研究開発本部長、2016年～取締役上席執行役員、2017年～サンヨーファイン㈱常務取締役 研究開発本部担当を兼務、現在に至る、有機合成化学協会賞を受賞

事例紹介・文章作成者一覧

事例20

事例紹介者：松本 和男

1965年京都大学大学院農学研究科農芸化学専攻修士課程修了、農学博士（京都大学）（論文博士）、㈱ナールスコーポレーション代表取締役・京都大学化学研究所生体触媒化学研究フェロー、元 田辺製薬㈱（現 田辺三菱製薬㈱）取締役・常務執行役員東京総括東京本部長・研究開発企画センター所長・医薬開発研究所長、㈶日本医薬情報センター（JAPIC）専務理事・相談役・有機合成化学協会副会長を歴任、日本農芸化学会奨励賞・日本医薬品情報学会有功賞・大阪府知事賞・近畿経済産業局長賞・㈳関西ニュービジネス協議会「NBK大賞」を受賞、著書に『生命の起源』（訳書、共立出版、1966年）・『今話題のくすり』（編集、東大出版、1994年）・『医薬品の開発』（共著、広川書店、1989年）・『医薬品情報学』（共著、東大出版、1996年）がある

参考文献

1）『化学工業の発展と歴史　西日本、わが社の逸品　化学工業日報社　大阪支社開設65周年企画』化学工業日報社（2012年）

2）①一般社団法人日本化学工業協会『グラフで見る日本の化学工業2017』（2018年3月）

　②『ケミカルビジネス情報MAP　2018』化学工業日報社（2017年11月）

　③橘川武郎、平野 創『化学産業の時代』化学工業日報社（2011年）

　④稲葉和也、橘川武郎、平野 創『コンビナート統合　日本の石油・石化産業の再生』化学工業日報社（2013年）

3）①橘川武郎他「シェール革命のインパクト」『化学経済』3月号、p26、化学工業日報社（2014年）

　②菅原泰広「M＆Aの動向から見た化学業界の将来シナリオ」『化学経済』12月号、p90、化学工業日報社（2016年）

　③公益社団法人日本化学会『30年後の化学の夢　ロードマップ』日本化学会（2012年）

　④田村昌三『化学プラントの安全化を考える』化学工業日報社（2014年）

　⑤松島 茂、株式会社ダイセル『ダイセル生産革新はこうして生まれた　21世紀のモノづくりイノベーション』化学工業日報社（2015年）

　⑥永島 学「IoT時代を支える材料として期待されるスマートマテリアル」『化学経済』9月号、p14、化学工業日報社（2016年）

　⑦中島崇文、中川隆之「高機能材料におけるビジネスモデル変革」『化学経済』12月号、p70、化学工業日報社（2016年）

4）渡加裕三『－化学産業を担う人々のための－実践的研究開発と企業戦略（改訂版）』化学工業日報社（2017年4月）

5）寺本義也、山本尚利『MOTアドバンスト技術戦略』日本能率協会マネジメントセンター（2003年）

6）有機合成化学協会、日本プロセス化学会『企業研究者たちの感動の瞬間』化学同人（2017年3月）

7）桑原 裕、安部忠彦『MOT技術経営の本質と潮流』丸善（2006年）

8）経済産業省製造産業局化学課機能化学品室「機能性素材産業政策の方向性」（2015年6月）

9）みずほ銀行産業調査部『日本産業の動向＜中期見通し＞』（2015年12月）

10）M.E.ポーター『競争優位の戦略』土岐 坤ら 訳、ダイヤモンド社（1985年）

11）藤末健三『技術経営入門』日経BP社（2004年）

12）中島崇文、青嶋 稔「化学産業における事業開発モデル」『知的資産創造』3月号、野村総合研究所（2017年）

13) M.E.ポーター『競争の戦略』土岐 坤ら 訳、ダイヤモンド社（1982年）

14) 古田健二『テクノロジーマネジメントの考え方・すすめ方』中央経済社（2001年）

15) H. チェスブロウ『オープンイノベーション』PRTM 監訳、長尾高弘 訳、英治出版（2008年）

16) 出川 通『MOTがよ〜くわかる本』秀和システム（2005年）

17) 村井啓一『創発人材をさがせ イノベーションを興す』日本経済新聞出版社（2011年）

18) 特許庁『産業財産権標準テキスト　第8版2刷』（2014年）

19) 百瀬　隆「ダイセルにおける三位一体の知的活動」『研究開発リーダー』Vol.15、No.1、技術開発協会（2018年）

20) Dr. A. Warnerら「新規製品の研究開発から海外市場投入までの新手法」『化学経済』8月号、化学工業日報社（2015年）

21) McKinsey&Company「Chemical Innovation : An investment for ages」（2013年5月）

22) 常見和正「宇部興産の化学事業開発を振り返って」『講演要旨集』日本化学事業開発協会（1999年）

23) 増田房義『研究開発の方法論−研究開発者に贈る100の定石−』京都青倉（2013年5月）

24) アメリカ海軍協会編『アメリカ海軍教本　第一版』日本生産性本部（1981年）

索　引

【洋数字】

1 - オクタノール……………… 130
3 C分析……………………… 26
3 M………………………… 34
4 P分析……………………… 27
5 F分析……………………… 26
6 ナイロン………………… 105

【A～Z】

AI（人工知能）……………… 9, 39
Arco Chemical ………………… 19
ArFレジスト用ポリマー………… 217
B to B…………………………… 237
B to C……………………… 121, 237
BASF ……………………… 3, 105
BEAR ………………………… 74
BET ………………………… 74
Carnegie Mellon ……………… 199
Caイオン ……………………… 213
CEO ………………………… 58
Chemical Innovation …………… 80
Chiba Geigy …………………… 19
CIM………………………… 39
CMC ………………………… 189
Consortium …………………… 199

COP（シクロオレフィンポリマー）… 167
CPP…………………………… 213
CRM ………………………… 39
CTO ………………………… 58
DCF計算手法 ………………… 73
DO事業 …………………… 130
EniChem …………………… 108
FS ……………………… 60, 70
Gilead Science ………………… 227
HLB ………………………… 213
Hoechst ……………………… 19
HP ………………………… 73
HPLC用カラム充填剤 ………… 119
IBM………………………… 19
ICI ………………………… 19
IoT（モノのインターネット）… 9, 39
IP（知財）ランドスケープ ……… 68
ISO ………………………… 39
ISO 22301 …………………… 76
KANEKA XMAP® …………… 201
KSF（成功の主要因）………… 103
LAS ………………………… 213
M＆A ……………………… 8, 19
Merck………………………… 226
MES ………………………… 39
Mobil Oil …………………… 208
Montedison …………………… 19

249

索 引

MOT研究会 ……………… 103
MPD ……………… 129
MSポリマー ……………… 200
Novartis……………… 225
N−ヒドロキシフタルイミド(NHPI)触媒… 217
OPEC ……………… 7
P&G ……………… 55
PDCAサイクル ……………… 69
PDM ……………… 39
PEST分析 ……………… 26
Pfizer ……………… 227
ppbオーダーでの管理 ……………… 219
PPMの戦略論 ……………… 27
PPP……………… 59
PVA ……………… 189
RC ……………… 39
RDEの一体化 ……………… 165
RF ……………… 74
Rhone-Poulenc ……………… 19
ROA ……………… 17
ROE ……………… 17
Sandoz ……………… 19
SAP入り紙おむつ ……………… 176
SCM ……………… 39
SpecialChem ……………… 72
Super Slurper ……………… 173
SWOT ……………… 19
SWOT分析 ……………… 27
TAC(トリアセチルセルロース)… 167
TM ……………… 74
TPF ……………… 52
ZMSゼオライト ……………… 105

ε−カプロラクタム ……………… 105

【あ】

アウトソーシング……………… 25
アセチレン化学……………… 3
アタック® ……………… 211
アタックNeo® ……………… 211
アダマンタン ……………… 217
アミロースのカルバメート誘導体… 120
アメリカ海軍士官候補生読本…… 84
安全性……………… 145
アンチエイジング化粧品原料…… 234
アンモキシメーション……………… 108
アンモニアの直接合成法……………… 3

【い】

異形化技術……………… 157
意匠権……………… 65
イソプレン……………… 129
医農薬中間体……………… 205
医薬品……………… 5
医薬部外品……………… 189
医療材料……………… 5

【う】

売上高営業利益率……………… 17
ウルトラアタックNeo® ………… 215

【え】

衛生材料	189
液晶・リチウム電池産業	23
液状ガスケット	202
液晶関連の搬送シート	185
液状ゴム	201
液晶ディスプレー用偏光板保護フィルム	5
液晶ディスプレー用光学フィルム材料	168
液体クロマトグラフィー	223
液体洗剤	211
エジソン	94
エチレン法MMAモノマー	8
エナンチオマー	223
エバール®	126
エラスチン	233
エレクトロニクス	23
エンジニアリングデータ	70

【お】

応用研究	50
オープンイノベーション	5, 54
オープンラボラトリー	10

【か】

カーバイド工業	4
海外生産比率	4
会社対会社の共同開発	157
海水淡水化技術	5
外注	132

開発研究	50
開発テーマ	51
外部環境分析	26
界面活性剤	5, 211
花王	211
化学技術アドバイザー会(近化CA)	10, 103
科学技術振興機構(JST)	233
化学工業出荷額	4
化学産業	4
科学的エビデンス	239
化学反応による新規物質の創生と機能の発現	21
学術的貢献	122
ガス透過性	126
ガスバリア	125
カネカ	199
カネカTAポリマー	201
株主資本利益率	17
カブラスCABRUS®	141
紙おむつ	191
火薬工業	3
環境・エネルギー産業	9
環境負荷	215
環境問題	4

【き】

キーテクノロジー	40, 54
企業価値創造	57
企業戦略	16
企業戦略技術領域	49
企業戦略立案	26
企業適合度	40

索　引

企業の競争優位性……………… 18
企業文化…………………………… 14
疑似移動床法……………………… 122
技術開発テーマの選定基準……… 45
技術開発力………………………… 13
技術経営（MOT）………………… 17
技術系譜…………………… 52, 168
技術サービス……………… 75, 97
技術精通度………………………… 80
技術戦略…………………… 13, 17, 37
技術相関分析……………………… 68
技術的ブレークスルー…………… 81
技術投資…………………………… 14
技術の市場化……………………… 103
技術プラットフォーム…………… 52
技術ポートフォリオ分析………… 40
技術マップ………………………… 40
技術ロードマップ………………… 40
技振協…………………………… 194
気相ベックマン転位……………… 105
基礎研究…………………………… 50
既存の事業ドメイン……………… 49
機能性化学製品…………………… 5
機能性化学品……………………… 23
機能性化学品・材料……………… 4
機能性素材………………………… 23
機能性ポバール…………………… 161
機能戦略…………………… 16, 37
規模の経済性……………………… 26
逆相懸濁重合……………………… 189
ギャップ分析……………………… 58
共押し出し………………………… 126

業界構造分析……………………… 26
凝集剤…………………………… 189
強制的に勉強させるシステム…… 95
業績・収益性分析………………… 27
競争戦略…………………………… 35
競争優位戦略……………………… 14
共同研究…………………… 147, 194
共同出願特許……………………… 197
強誘電性液晶材料………………… 225
強烈な努力………………………… 92
キラル固定相……………………… 121
キラルビルディングブロック…… 224
近畿化学協会……………… 10, 103
近代化学産業……………………… 3
近年のMOT ……………………… 13

【く】

組立産業…………………………… 10
クラレ…………………… 125, 129
グルタチオン……………………… 233
グローバル・ニッチ・トップ…… 9
グローバルオペレーション……… 20
グローバル化……………… 13, 126
グローバル展開…………… 4, 191

【け】

経営課題…………………………… 11
経営資源…………………………… 28
経営資源の配分…………… 15, 18
経営シナジー……………………… 26

経営戦略……………………… 13
経営戦略策定機能……………… 34
経営ビジョン…………………… 17
経営理念………………………… 17
経血吸収剤(生理綿)…………… 189
経験効果………………………… 26
計算機化学……………………… 62
経常利益高……………………… 17
化粧品…………………………… 4
ケチミン伸長法………………… 112
頁岩……………………………… 7
研究開発戦略………………… 17, 37
研究開発戦略の策定プロセス…… 44
研究開発戦略立案……………… 39
研究開発テーマ………………… 13
研究開発テーマの棚卸………… 81
研究開発の重点投資…………… 14
研究開発の生産性のアップ…… 71
研究開発の定量評価…………… 14
研究開発費……………………… 4
研究テーマ……………………… 51
研究テーマ決定………………… 103
健康・医療産業………………… 9
健康食品………………………… 5
現在の非常識…………………… 99
原子移動ラジカル重合(ATRP)… 199
現実主義者……………………… 99
検証パートナー………………… 71

【こ】

コア・コンピタンス…………… 18

コア技術………………………… 170
コアテクノロジー…………… 52, 165
幸運な人脈……………………… 122
広栄化学工業…………………… 205
抗エイズ薬……………………… 226
硬化……………………………… 201
高加圧下吸収量(AUL)………… 178
公害防止技術…………………… 5
光学異性体……………………… 121
光学活性医薬品原薬…………… 224
光学活性グリシドール………… 225
光学活性体事業………………… 229
光学活性プロパノール誘導体…… 226
光学活性ポリマー……………… 224
光学材料用耐熱性アクリル系ポリマー材料… 167
光学フィルム用ラクトン環含有アクリルポリマー… 167
光学分割用キラルカラム………… 119
広義の化学工業………………… 21
高吸水性樹脂(SAP)…… 5, 173, 189
工業技術院……………………… 193
航空宇宙産業…………………… 9
口腔粘膜………………………… 239
高次構造………………………… 120
合成技術者……………………… 200
合成ゴム………………………… 3
高生産性重合法………………… 190
合成樹脂………………………… 3
合成ゼオライトZSM-5………… 207
合成繊維………………………… 3
高性能・高機能化学製品……… 21
構造変化インパクト分析手法…… 41
高耐熱性………………………… 131

索　引

公的研究機関·····················　103
高分子化学·····················　3
高分子量ポリアクリル酸ソーダ(HPSA) ···　189
公募テーマ·····················　13
国有特許·····················　194
コスト・リーダーシップ戦略·····　36
コストパフォーマンス··············　75
固体分散剤·····················　156
国家·····················　93
コトラーの戦略論··············　27
コネクター·····················　131
コモディディー化··············　34
コラーゲン·····················　233
コンジョイント分析··············　35
コンビナトリアルケミストリー法···　62

【さ】

最高技術責任者(CTO) ···········　15
採算性の問題·····················　81
最終消費財·····················　4
サイテーション分析··············　68
財務諸表·····················　17
酢酸ビニル·····················　125
サプライチェーン··············　76
差別化新製品群·····················　165
差別化戦略·····················　36
差別化の戦略論·····················　27
サリドマイド·····················　119
酸化技術·····················　217
産学協働·····················　122
産業革命·····················　3

産業財産権·····················　65
産業中間財·····················　4
参入障壁·····················　81
三位一体·····················　67

【し】

シアノピラジンの合成触媒········　205
シーズ研究·····················　77
シーズテーマ·····················　167
シーズの組み合わせ··············　113
シーラント·····················　202
シェール革命·····················　7
シェールガス・オイル··············　7
ジェネスタ®·····················　129
脂環式(メタ)アクリル系ポリマー···　217
事業化可能性についての検証······　60
事業化に至る確率··············　77
事業継続(BCP)·····················　103
事業戦略·····················　16, 35
事業戦略技術領域··············　49
事業ドメイン·····················　18
事業の継続計画(BCP)··············　76
事業のポートフォリオ··············　26
事業のライフサイクル··············　16
事業ポートフォリオ··············　8, 19
資金の回収期間··············　61
シクロヘキサノンオキシム········　105
自己変革推進機能··············　34
資産利益率·····················　17
自社研究開発·····················　77
市場参入領域・地域··············　65

市場精通度	80
市場ニーズ	165
市場魅力度	40
止水テープ	191
次世代蓄電池	8
次世代の事業ドメイン	49
実践的なMOT（技術経営）	10
実用新案権	65
自動車産業	9
自動車燃料タンク	127
自動車用途	133
シナジー効果	18
シナリオ分析	35
死の谷	59, 103
司馬遼太郎	93
収益向上	75
収益率	21
就業者数	4
重合トナー	153
集中戦略	36
重要技術	38
出荷額	21
省燃費タイヤ	137, 142
消費財製品	23
商標権	65
情報化戦略	17
情報技術戦略	37
情報電子産業	9
将来の常識	99
触媒賦活	106
食品添加物	189
食品包装材	126

食品保冷剤	191
シリコンウェハー	5
事例研究（ケーススタディ）	103
新規グレードを開発	75
新規事業開発	10
新技術の創出	165
新規投資決裁規程	61
新規な事業ドメイン	49
新規農薬創生	146
新規の殺虫作用	147
人工光合成	8
人材育成	63
新事業の創生	103
新素材	23
進捗度管理	59

【す】

水素エネルギー	8
水溶液重合	189
スーパーエンプラ	23
スキンケア素材	233
スクリーニング探索	145
すすぎ	213
スティーブ・ジョブズ	94
ステージゲートモデル	59
スマートマテリアル	9
住友化学	105
住友化学のラービグ・プロジェクト	7
スラッシュ成形	111
スルフィド系シランカップリング剤	137

索　引

【せ】

生産技術………………………… 165
生産技術革新…………………… 104
生産技術グループ……………… 69
生産シナジー…………………… 26
生産性向上……………………… 13
生産戦略………………………… 17, 37
成長戦略………………………… 20
正当に評価される制度………… 90
製販研三位一体の開発体制…… 165
製品……………………………… 45
製品競争力強化………………… 14
製品寿命………………………… 170
生理活性物質…………………… 224
世界市場規模…………………… 23
石炭化学工業…………………… 3
石油化学工業…………………… 3
石油化学コンビナート………… 8
石油危機………………………… 4
セコム…………………………… 19
絶対配置………………………… 223
接着剤…………………………… 4
設備投資額……………………… 4
セルロースエステル誘導体…… 120
セレンディピティ……………… 63, 93
繊維状タンパク質……………… 233
洗剤……………………………… 4, 211
潜在顧客………………………… 170
洗浄力…………………………… 211
選択と集中……………………… 19
専門別技術教育………………… 14

【そ】

戦略技術領域…………………… 38
戦略整合性……………………… 14, 58
戦略的獲得……………………… 13
戦略的技術課題………………… 37
戦略的思考……………………… 13
戦略的投資……………………… 14

総売上高………………………… 17
創造性開発の奨励……………… 14
組織・企業間連携機能………… 34
組織の活性化…………………… 90
組織をシャッフル……………… 85
ソリューション技術…………… 81
ソリューション事業…………… 10
ソリューションの提供………… 19
ソリューションモデル………… 34

【た】

ダーウィンの海………………… 60, 103
大学発ベンチャー……………… 234
ダイセル………………………… 119, 217
ダイソー………………………… 141
多角化経営……………………… 18
田辺元…………………………… 94
多目的パイロットプラント…… 60
段階的プロジェクト計画法…… 59
探索研究………………………… 146
炭素繊維………………………… 5

256

【ち】

チームワーク力	85
知財権	103
知識獲得の機会	63
知識の創造	62
知的財産基本法	65
知的財産権	165
知的財産権制度	65
知的財産戦略	65
知的財産ポートフォリオ	68
中長期経営計画	16
長期毒性試験	147
チョウ目殺虫剤	146
直鎖二量化反応	129

【つ】

使い捨てカイロ	191

【て】

提案型技術開発	82
定常稼働	73
データベース化	58
滴下重合	218
デジタルマーケティング	71
デュポン	34
テレケリック	199
電子材料	4, 217
電子情報材料	23
伝統的MOT	13

【と】

投資シナジー	26
投資リスク	69
同等品開発	181
特許権	65
トリアージュ分析	68
塗料	4
トンネル漏水防止水膨潤ゴム	191

【な】

ナールスゲン®	233
ナールスコーポレーション	233
内部環境分析	27
七対三の比率	91
ナレッジマネジメント	14

【に】

ニーズ研究	77
ニコラ・テスラ	94
ニッチな事業	122
日本化学会	151
日本化学会 化学技術賞	171
日本化学工業協会	4, 77
日本合成化学	161
日本触媒	167
日本農薬学会	151
ニュートリション	23

索　引

【ね】

熱可塑性エンジニアリングプラスチック … 23
熱可塑性樹脂…………………………… 131
燃料電池………………………………… 8

【の】

農薬……………………………………… 145
農薬登録取得…………………………… 147
ノナンジアミン………………………… 130

【は】

ハーバー・ボッシュ…………………… 3
バイエル………………………………… 34
バイオ技術……………………………… 223
バイオテクノロジー……………… 8, 21
ハイブリッド技術の応用…………… 41
ハイリスク・ハイリターン…… 46, 58
パイロットスケール……… 59, 60, 69
パイロットプラント…………………… 103
パテント(特許)マップ…………… 68
バナジウム－燐酸化物………………… 206
バリューチェーン分析………………… 27
範囲の経済性…………………………… 26
半導体材料……………………………… 5
半導体産業の材料・部材…………… 23
半導体デバイス………………………… 217
販売シナジー…………………………… 26
汎用化学製品…………………………… 4

【ひ】

微結晶三酢酸セルロース……………… 119
微細化…………………………………… 217
ビジネスモデル………………………… 65
ビジネスモデル構想機能……………… 34
ビジョンの策定………………………… 14
微生物触媒法…………………………… 228
ビッグシンカー………………………… 85
ヒト皮膚線維芽細胞…………………… 233
ヒドロホルミル化反応………………… 129
秘密保持契約書………………………… 69
評価サイクル…………………………… 57
評価軸…………………………………… 40
表面架橋法……………………………… 190
表面実装技術…………………………… 131
肥料工業………………………………… 3
ビルダー性能…………………………… 211
品質保証………………………………… 75
頻繁な時間外のミーティング…… 89

【ふ】

ファイン・スペシャリティケミカル … 19
ファインケミカル事業………………… 229
フォトスペーサー……………………… 5
付加価値額……………………… 4, 21
不斉エポキシ化反応…………………… 227
ブタジエン……………………………… 129
部門横断の時限組織…………………… 115
フラスコスケール……………………… 59
プラットフォームモデル…………… 34

258

ブランド力……………………… 27
フルベンジアミド………………… 146
フレームワーク………………… 26
プロセス技術者………………… 200
プロセス研究…………………… 77
プロセス産業…………………… 10
プロトタイプ技術……………… 14
分子設計………………………… 220
粉塵爆発対策の法規制………… 186
分析……………………………… 27
分析手法………………………… 26

【へ】

ペーシングテクノロジー………… 54
ベーステクノロジー……………… 54
ペット用吸尿剤………………… 191
変革・成長への気運…………… 17
変性ポバール…………………… 163
ベンチスケール………………… 59, 69

【ほ】

ポバール………………… 125, 161
ポバール共重合体……………… 125
保有技術の棚卸………………… 52
ポリアクリレート……………… 199
ポリアミド9Ｔ………………… 130
ポリエーテルエステルアミド…… 181
ポリオレフィン-ポリエーテルブロックポリマー… 182
本製造プラント………………… 72

【ま】

マーケットイン………………… 164
マイクロカプセル……………… 193
マイクロリアクター…………… 62
マクロ環境分析………………… 26
マッキンゼー2013……………… 80
末端官能基……………………… 200
マテリアルズ・インフォマティクス… 62
魔の川…………………… 59, 103
摩耗低減剤……………………… 191
守りの失敗……………………… 98

【み】

ミクロ環境分析………………… 26
三つの戦略レベル……………… 16
未来予測手法…………………… 41

【む】

無機化学工業…………………… 3
無形資源………………………… 28
無水多硫化ソーダ……………… 138

【も】

モーゼの十戒…………………… 92
目的基礎研究…………………… 50
モルトケの法則………………… 95

索引

【ゆ】

有機系太陽電池……………… 8
有形資源……………………… 28
輸送用機械器具産業………… 4

【よ】

ヨウ素学会…………………… 151
要素技術……………………… 52
横串型スペシャリティモデル…… 34
吉田松陰……………………… 92

【ら】

ライフサイエンス…………… 19
ラクトン基…………………… 220
ラクトンポリマー…………… 167
ラセミ体……………………… 119
ラセミ体エピクロロヒドリン…… 223
ランチェスターの戦略論……… 27

【り】

リアクティブプロセッシングによる分子内環化反応… 168
リーダーシップの定義……… 84
リターン・マップ法………… 74
リチウム電池材料…………… 5
立体選択的資化分割法……… 226
リビングラジカル重合……… 199
流動床………………………… 106
粒度分布のシャープ化……… 155

緑化保水剤……………………… 191

【る】

累積投資額の回収…………… 73

【れ】

レジスト材料………………… 217
レスポンシブル・ケア活動…… 5

【ろ】

ロマン主義者………………… 99

図 表 索 引

《図》

【第1部】

【図1-1】	化学産業の製品力	6
【図2-1】	研究開発テーマの選択・決定方法の背景にあるMOT	14
【図2-2】	公募テーマから絞り込む研究開発テーマの決定方法	16
【図2-3】	経営・技術戦略から研究開発テーマが選択・決定されるプロセスの概念図	18
【図2-4】	1990年後半以降のM&A総額(案件公表額1億USドル以上の合計額)	20
【図2-5】	世界の機能性化学品市場規模と成長率	24
【図2-6】	業界の収益性を決める五つの競争要因	29
【図2-7】	価値連鎖(バリューチェーン)の基本形	30
【図2-8】	プロダクト・ポートフォリオ・マネジメント(PPM)	32
【図2-9】	世界の大手化学メーカーの収益状況(2011〜2015年)	34
【図2-10】	ビジネスモデル開発にかかわる日本企業と海外企業との比較	35
【図2-11】	研究開発戦略策定プロセスの概要	42
【図2-12】	企業・事業戦略から導かれる事業ドメイン、戦略技術領域と研究開発テーマの関係	49
【図2-13】	保有技術の棚卸の概念図	53
【図3-1】	技術戦略および研究開発戦略策定プロセスの位置付けと評価サイクル	58
【図3-2】	新製品開発プロセス－ステージゲートモデル	61
【図3-3】	知識の創造と新技術の発明、新規事業の創出	63
【図3-4】	知的財産(権)	66
【図3-5】	知的財産戦略の位置付け	67
【図3-6】	リターン・マップ法による製品開発プロジェクトの評価	74
【図5-1】	化学産業における研究開発から事業化までに要する期間	80

261

【第2部】

<事例15－カネカ>

【図1】 テレケリックポリアクリレート － KANEKA XMAP®の構造 ……201
【図2】 液状ゴムの硬化イメージ…………………………………………202
【図3】 架橋性末端官能基の種類………………………………………202

<事例16－広栄化学工業>

【図1】 広栄化学のピラジナミド新製法………………………………206
【図2】 ピリジン塩基類の気相合成反応………………………………207

<事例19－大阪ソーダ>

【図1】 微生物を用いるDCPの立体選択的資化分割法 …………………225
【図2】 微生物を用いるCPDの立体選択的資化分割法 …………………226
【図3】 EPの速度論的光学分割(HKR)法 ……………………………227
【図4】 微生物を用いるMeCPDの光学分割法 …………………………228

《表》

【表2－1】 日本の製造業における化学工業(2015年)……………………… 22
【表2－2】 バリューチェーンによる成功要因分析……………………… 30
【表2－3】 SWOT分析による最高のチャンスと最大のピンチ 31
【表2－4】 バリューチェーンにおける戦略的技術課題の事例…………… 39
【表2－5】 商品(製品)開発テーマと技術開発テーマ選定の基準…………… 48
【表2－6】 選択された事業ドメインと研究開発テーマとの関係…………… 51
【表5－1】 自社研究開発事業化例の概要………………………………… 78

編集委員一覧（五十音順）

◎編集委員長

近藤 忠夫 ［執筆担当：はじめに、第1部 第1章、第2部 序文、事例10および13］

1973年 京都大学大学院工学研究科合成化学専攻博士課程修了、工学博士（京都大学）、㈱日本触媒名誉顧問・㈱ダイセル社外取締役・OKK㈱社外取締役・国際化学オリンピック日本委員会理事、 元 ㈱日本触媒代表取締役社長・研究開発部門・子会社経営など担当、近畿化学協会会長・関西化学工業協会会長・日本化学会副会長などを歴任

渡加 裕三 ［執筆担当：はじめに、第1部 第2章～第5章、第2部 事例3］

1966年 大阪大学大学院工学研究科応用化学専攻修士課程修了、博士（工学）（大阪大学）（論文博士）、YTテクノフロンティア代表、元㈱ダイセル常務取締役企画開発本部長・企画・研究開発など担当、日本化学事業開発協会会長・近畿化学協会理事・京都工芸繊維大学大学院非常勤講師・㈱フジシールインターナショナル社外取締役などを歴任、科学技術庁長官賞を受賞、近著に『化学産業を担う人々のための実践的研究開発と企業戦略（改訂版）』（化学工業日報社、2017年4月）がある。

◎編集委員

後藤 達乎 ＜編集全般＞

1969年大阪大学工学部醗酵工学科卒業、日本化学会フェロー、元㈱ダイセル研究推進部長・企業倫理室長、高効率酸化触媒技術研究組合専務理事・日本化学会理事・有機合成化学協会理事・近畿化学協会理事などを歴任、日本化学会功労賞を受賞

神門 登 ＜編集全般＞

1980年米国ペンシルバニア大学大学院有機合成化学専攻博士課程修了、Ph.D.、ハニー化成㈱専務取締役・公益財団法人兵庫県科学技術振興財団代表理事、近畿化学協会理事など歴任

増田 房義 ［執筆担当：第1部 第6章、第2部 全般および事例11］

1970年京都大学大学院工学研究科燃料化学専攻修士課程修了、工学博士（京都大学）（論文博士）、元 三洋化成工業㈱代表取締役社長・㈱サンダイヤポリマー社長・会長など歴任、近畿化学協会化学技術賞・毎日工業技術賞・文部科学大臣表彰（科学技術賞・開発部門）を受賞

編集委員一覧

丸橋 基一 ［執筆担当：第2部 全般および事例9］
　1964年京都大学大学院工学研究科工業化学専攻修士課程修了、元 日本合成化学工業㈱取締役研究・知的財産部長 兼 中央研究所長、㈱大阪環境技術センター社長

吉村 典昭 ［執筆担当：第2部 全般および事例4、5］
　1973年大阪大学大学院基礎工学研究科合成化学専攻博士課程修了、工学博士（大阪大学）、日本化学会フェロー、元㈱クラレ取締役新事業開発担当、近畿化学協会理事・高分子学会関西支部理事・大阪大学および岡山大学非常勤講師などを歴任、日本化学会化学技術賞・触媒学会賞・山陽技術賞を受賞

化学産業における実践的MOT
事業化成功事例に学ぶ

2018年10月23日　初版1刷発行
2024年2月21日　初版3刷発行

編著者　一般社団法人　近畿化学協会「MOT研究会」

発行者　佐　藤　　豊

発行所　株式会社化学工業日報社

〒103-8485　東京都中央区日本橋浜町3-16-8

電話　　03(3663)7935(編集)

　　　　03(3663)7932(販売)

振替　　00190-2-93916

支社　大阪　**支局**　名古屋、シンガポール、上海、バンコク

印刷・製本：昭和情報プロセス(株)

DTP：タクトシステム(株)

カバーデザイン：田原佳子

本書の一部または全部の複写・複製・転訳載・磁気媒体への入力等を禁じます。

ⓒ 2018〈検印省略〉落丁・乱丁はお取り替えいたします。

ISBN978-4-87326-705-0　C3034

研究開発の立案から事業化まで―
現場の視点による実践的テキスト

化学産業を担う人々のための
実践的研究開発と企業戦略
改訂版

渡加 裕三 著

2017年4月25日 発行

A5／324ページ／定価：本体2,500円＋税（送料別）

　世界市場において日本の国際競争力の低下傾向が続いており、製造業のシェアは年々低下、化学産業においてもここ四半世紀の間に世界の化学工業の構造は大きく変化しました。
　本書は、経営戦略の立案から工業化・事業化に至るまで一貫した企業活動における研究開発活動との関わり合いが理解できるよう、①研究開発テーマの決定・実行・マネジメントの手法、②リーダーに求められる資質・能力・役割を含む人材育成、③研究開発の推進、知的財産、成果と評価などを「現場の視点」から実践的に解説。また、経営・企業戦略をより効果的に立案するために、グローバル化に伴う欧米・日本の化学企業の変貌と動向、直面する課題や目指すべき方向についても触れています。
　企業で活躍する研究者、技術者や人材育成に携わる実務者、大学生や技術系大学院生などの必読書です。

【目次】

はじめに
第1章　序論
第2章　経営戦略の立案・策定
第3章　技術戦略の立案・策定
第4章　企業における研究開発組織
第5章　企業における研究開発
第6章　研究開発のマネジメント
第7章　企業価値創出のための
　　　　研究開発における人材育成
第8章　研究開発に係るその他の重要事項
第9章　事業化（工業化）へのステップ
第10章　工業化のフォローアップ
第11章　研究開発の失敗と成功
第12章　グローバル化に伴う欧米及び
　　　　日本の化学企業の変貌と動向
第13章　研究開発のグローバル化

参考文献／索引／図表索引